친환경·소전력 생산을 위한

소형 **풍력발전기**
설계와 제작

과학나눔연구회 / **정해상** 편저

일진사

머 리 말

　인류가 현재의 고도 문명사회를 이룩하게 된 지혜와 힘은 에너지에서 비롯되었다고 해도 지나친 표현은 아닐 것이다. 특히 석탄에서 석유로 대표되는 화석연료는 그 자원이 풍부할 뿐만 아니라 이용하기에도 매우 편리하여 오늘날과 같은 공업화 사회의 비약적인 전개를 이끌었고, 인간 생활의 질적 향상을 성취시켰다.

　동력이나 열, 전기 등 에너지의 여러 가지 형태 중에서 가공성이나 이용 측면에서 볼 때 전기는 가장 다루기 쉬워 광범위한 분야에서 다양하게 이용되어 왔으며, 이 전기를 생산하기 위해서는 역시 방대한 양의 화석연료 사용이 밑거름이 되었다.

　그러나 이제 화석연료의 무절제한 사용에는 점차 자성(自省)의 목소리가 높아가고 있다. 지구 온난화 문제, 산성비, 산림 파괴, 사막화 등등, 소위 '지구 환경 파괴 문제'가 간과할 수 없는 인류 생존의 현안으로 부각되고 있으며, 화석연료 자원 자체도 머지않아 고갈을 면치 못할 것이라는 경고가 이어지고 있다.

　그렇다고 당장 화석연료의 제한적 사용은 실천하기 어려운 문제이다. 점차 청정 에너지로 대체해 나가는 것만이 이 문제에 대처할 수 있는 가장 현명한 처방일 것으로 생각된다.

자연 에너지로부터 전기를 얻는 방법에는 태양광발전, 풍력발전, 수력발전, 조력·파력발전, 해양온도차발전, 지열발전, 수소와 연료전지 등을 생각할 수 있으며, 모두 화석연료와 같은 CO_2를 배출하지 않는 친환경적인 방법으로 전기를 얻을 수 있다. 특히 이 책에서 다루려고 하는 풍력발전은 태양광발전과 더불어 무한대의 자원을 무상으로 이용할 수 있으므로 일석이조의 대체 에너지로 각광을 받고 있다.

평소에는 별로 의식하지 않았던 바람, 즉 존재감 없이 사라지던 바람도 세를 몰아 불어닥치면 집을 날리고 나무를 쓰러뜨리는 등, 그 방대한 에너지를 실감하게 한다. 한없이 순하고 부드러우면서도 거칠 것 없이 사납고 파괴적인 양면성을 가진 이 바람의 힘을 이용하는 것이 풍력발전이다.

우리나라는 풍력 활용의 선진국인 독일이나 덴마크, 네덜란드 등과는 달리 2000년대 들어서서야 에너지 자원으로 활용하기 시작하여 이제는 전국 여러 곳에서 대단위 풍력발전단지를 목격할 수 있다.

이 책에서 다루는 소형 풍력발전기는 상업용의 전기 생산을 목적으로 하지 않는 가정용 소전력 생산을 목적으로 하고 있다.

물론 소형 풍력발전기라고 해서 쉽게 만들 수 있는 것은 아니다. 실용적으로 크게 유용한 것이 아닐지도 모른다. 하지만 손수 생산한 전기를 TV를 시청한다든지 옥내외의 불을 밝히게 된다면 그 성취감 또한 훤하게 빛날 것이다.

블레이드의 설계와 제작, 발전기의 제작 등에는 재료에서부터 공구에 이르기까지 구하기 어려운 것이 많을 것이다. 그러나 편저자는 분명한 대안을 제시하지 못했다. 그 이유는 본서에 기술한 내용들이 편저자의 실제 제작과 실험의 소산이 아니라 여러 참고 도서와 보고서들에 기초한 것이기 때문이다. 함께 연구하고 발전시켜 나간다는 너그러운 마음으로 헤아려 주시기를 바란다.

편저자

Contents

제1장 풍력발전의 기초

1.1 풍력발전기의 종류와 특징 ················· 14

   1.1.1 풍력발전기의 특징 ················· 14

1.2 프로펠러형 풍력발전기의 원리 ················· 23

   1.2.1 풍력발전기의 기본 용어 ················· 24

   1.2.2 프로펠러형 풍력발전의 원리 ················· 33

1.3 풍차로부터 얻을 수 있는 에너지 ················· 39

   1.3.1 바람으로부터 얻을 수 있는 에너지 ················· 39

   1.3.2 풍차의 종류와 파워계수 ················· 45

1.4 소형 풍력발전의 이용 분야와 이용방법 ················· 48

   1.4.1 필요한 때 필요한 전력을 얻기 위한 방법 ················· 48

   1.4.2 태양광발전과의 하이브리드 시스템 ················· 49

   1.4.3 구체적인 이용 분야의 예 ················· 51

   1.4.4 연료전지와의 하이브리드 시스템 ················· 52

제2장 풍력발전용 발전기

2.1 발전기의 기초 ················· 56

   2.1.1 DC 모터의 이용 여부 ················· 56

   2.1.2 자전거용 발전기의 이용 가능성 ················· 60

   2.1.3 자동차용 발전기의 이용 가능성 ················· 61

2.2 발전기의 원리와 구조 ················· 64

   2.2.1 발전기의 원리 ················· 64

   2.2.2 마그넷(영구자석) ················· 66

   2.2.3 전자기 회로용 전자강판 ················· 69

   2.2.4 기타 재료 ················· 72

2.3 발전기에 요구되는 발전 특성 ······· **73**

   2.3.1 회전수와 발전 특성 ······· 73

   2.3.2 풍속 및 블레이드 지름과 회전수, 발전기 출력관계 ······ 75

2.4 실험적으로 제작한 발전기 ······· **77**

   2.4.1 형상과 구조 ······· 77

   2.4.2 기어 증속형 발전기 제작 ······· 83

2.5 3상교류발전기의 장점 ······· **95**

   2.5.1 교류발전기 ······· 95

   2.5.2 풍력발전기에 적합한 3상교류발전기 ······· 96

2.6 자동차용 발전기의 이용 ······· **99**

   2.6.1 자동차용 발전기의 종류 ······· 99

   2.6.2 직류발전기 ······· 99

   2.6.3 자동차용 직류발전기의 개조 ······· 103

   2.6.4 교류발전기 ······· 115

제3장 발전기의 제작

3.1 공작용 공구류의 종류와 사용법 ······· **130**

   3.1.1 목재와 금속을 절단한다 ······· 130

   3.1.2 구멍을 뚫는다 ······· 132

   3.1.3 깎고 다듬고 ······· 134

   3.1.4 기타 공구류 ······· 137

3.2 500 W급 풍력발전기의 제작 ······· **138**

   3.2.1 발전기의 개요 ······· 138

   3.2.2 제작 순서 ······· 141

   3.2.3 500 W급 발전기의 특성 ······· 151

   3.2.4 부속 기구의 제작 ······· 152

3.3 700 W급 풍력발전기의 제작 ······· **157**

   3.3.1 문제점과 해결책 ······· 157

3.3.2 제작 순서 ·· 159

3.3.3 700 W급 풍력발전기의 특성 ······················· 165

3.3.4 부속 기구의 제작 ·· 165

3.3.5 시운전 ·· 170

제4장 로터 블레이드의 설계와 제작

4.1 블레이드의 기초 지식 ·· **174**

   4.1.1 블레이드의 기초 지식 ···································· 174

   4.1.2 블레이드의 날개 형상 ···································· 178

4.2 로터 블레이드의 설계 ·· **182**

   4.2.1 블레이드의 설계 ·· 182

   4.2.2 1.6m 블레이드의 간이 설계 예 ··················· 189

4.3 실제 설계에서 고려해야 할 사항 ····················· **196**

   4.3.1 블레이드 선단 속도 ······································· 196

   4.3.2 로터 블레이드에 작용하는 원심력 ················ 197

   4.3.3 블레이드의 재질과 구조 ································ 198

4.4 로터 블레이드의 제작 ·· **201**

   4.4.1 디퓨서가 달린 풍차 ······································· 201

   4.4.2 후드가 달린 풍차 ·· 202

   4.4.3 복어형 풍차 ·· 202

   4.4.4 멀티 로터 풍차 ··· 203

4.5 실제 제작과 목재 블레이드의 장점 ·················· **204**

4.6 날개 2개짜리 목재 블레이드의 제작 ················ **206**

   4.6.1 설계하는 블레이드의 시방 ··························· 206

   4.6.2 블레이드 원형을 제작 ··································· 206

   4.6.3 날개 형체의 제작 ·· 207

   4.6.4 풍차 블레이드에 가해지는 힘 ······················ 208

4.7 발포 스티롤과 FRP에 의한 저속 회전용 블레이드 제작 ······ **210**

4.7.1 나무틀의 제작 ·· 210

4.7.2 블레이드를 오려낸다 ··· 210

4.7.3 나무틀과 발포 스티롤의 접착······························ 212

4.7.4 표면을 FRP로 덮는다 ······································ 213

4.7.5 마무리··· 214

4.7.6 허브부의 제작 ··· 214

4.8 고속 회전용 블레이드 제작 ··························· 216

4.8.1 나무틀의 제작 ·· 216

4.8.2 블레이드의 접착 ·· 217

4.8.3 표면을 FRP로 씌운다 ······································· 217

4.9 FRP 성형에 의한 블레이드 제작 ······················ 220

4.9.1 FRP 성형의 특징 ·· 221

4.9.2 FRP에서 사용하는 재료와 공구 ······················· 222

4.9.3 FRP 성형의 순서 ·· 227

4.9.4 허브에 장착 ··· 236

제5장 배터리 충전 제어장치

5.1 풍력발전의 특성과 배터리 충전 제어회로··························· 240

5.1.1 배터리 충전회로 ·· 240

5.1.2 최대 출력을 얻는 방법 ······································ 241

5.1.3 DC-DC 컨버터에 의한 충전 제어회로·················· 244

5.2 300 W급 충전 제어회로 ······························· 249

5.2.1 스위칭 전원 컨트롤러 IC TL494 ······················· 251

5.2.2 회로의 동작 ··· 251

5.3 700 W급 충전 제어회로 ······························· 260

5.3.1 푸시풀 방식의 센터 탭형 DC-DC 컨버터 회로 ········ 260

5.3.2 실제 회로 ··· 260

5.3.3 이 장치의 실측 특성··· 266

5.4 배터리 대책 ············· 270

　5.4.1 디프 사이클 배터리 ············ 270

　5.4.2 배터리의 특성 ············ 271

　5.4.3 배터리 사용에서 주의할 점 ············ 275

　5.4.4 배터리의 폐기 처분 ············ 276

5.5 전기 2중층 콘덴서의 활용 ············· 277

　5.5.1 전기 2중층 콘덴서의 특징 ············ 277

　5.5.2 소형 풍력발전기에 대한 응용 ············ 279

5.6 안전대책 회로 ············· 280

　5.6.1 전자 브레이크와 배터리 과충전 방지회로 ············ 280

　5.6.2 배터리 방전 제어회로 ············ 285

제6장 풍력발전기의 안전대책

6.1 강풍 때의 안전대책 ············· 288

　6.1.1 로터 상방 편향 방식 ············ 289

　6.1.2 로터 축방 편향 방식 ············ 290

　6.1.3 피치 제어, 스톨 제어 방식 ············ 292

　6.1.4 날개 선단 피치 제어 방식 ············ 294

　6.1.5 발전기 전자(電磁) 브레이크에 의한 제어 ············ 295

　6.1.6 수풍면적 가변 방식 ············ 297

　6.1.7 디스크 브레이크, 기타 ············ 298

　6.1.8 꼬리날개의 강풍 대책 ············ 299

6.2 풍력발전기의 설치와 타워 제작 ············· 302

　6.2.1 설치 장소 ············ 302

　6.2.2 풍차에 가해지는 항력 ············ 305

　6.2.3 공사용 철제 파이프에 의한 간이 타워의 제작·설치 예 ··· 306

참고문헌 ············· 309

풍력발전기를 제작할 때 꼭 지켜야 할 사항

모든 작업에는 위험이 따르기 마련이다. 그러나 사전에 조심하
고 마땅한 대책을 마련한다면 그 위험을 피하거나 줄일 수 있다.

(1) 풍력발전기를 제작할 때는 항상 불의의 사고에 유의해야 한다.

필요에 따라 보안경을 착용하거나 가죽장갑, 안전화 등을 착용
하기 바란다. 그러나 기계 가공 때는 절대로 실장갑을 착용하지
말아야 한다. 칼날이나 재료에 걸리기 쉽고, 기계에 손이 끌려 들
어갈 위험도 있기 때문이다. 또 공구는 적절한 것을 사용하고 무
리한 힘을 가해 사용하지 않아야 한다. 작업 전후에는 작업장을
정리 정돈하여 청결을 유지해야 한다.

(2) 제작과 설치에도 조심한다.

제작하거나 설치할 때 파손되거나 넘어지지 않도록 세심한 주의
가 필요하다. 특히 풍력발전기는 높은 타워를 사용하게 되므로 만
일의 경우 파손되거나 도괴되더라도 생명과 재산에 위해나 손재
를 초래하지 않도록 늘 세심한 주의가 필요하다.

(3) 배터리는 조심해서 다룰 것

배터리는 사용 중에 인화성 가스가 발생할 수 있다. 따라서 만일

접속되면 화재나 폭발할 위험이 있다. 따라서 배터리는 통풍이 잘 되는 곳에 설치하고, 퓨즈 등 안전장치를 마련해야 한다. 배터리의 전해액은 황산이므로 피부나 의류에 묻으면 화상이나 손상으로 이어지게 된다.

(4) 감전에 주의할 것

회로에는 수10 볼트 이상의 전압이 인가된 곳이 있으므로 감전에 늘 신경을 써야 한다. 또 방수대책과 보안 접지가 불충분하면 감전되는 경우도 있으므로 세심한 주의가 필요하다.

(5) 책임 소재에 대하여

이 책의 내용을 참고하여 제작·설치한 결과 만에 하나 생명이나 재산에 위해나 손실을 초래한 경우가 있을지라도 필자와 출판사로서는 아무런 책임을 지지 않는다는, 책임 소재를 분명하게 밝혀 둔다. 그러므로 자신의 책임하에 참고하고, 판단하여 제작·설치에 이용하기 바란다.

제 **1** 장

풍력발전의 기초

1.1 풍력발전기의 종류와 특징

바람을 이용하는 풍차의 역사는 수 천년에 이른다. 인간은 고대로부터 풍차의 기계적 동력을 이용하여 방아를 찧거나 물을 길어올리는 데 이용하였다는 기록이 있다. 그러나 오늘날에 이르러서 풍차는 거의 발전을 목적으로만 쓰여지고 있다. 바람의 에너지를 전기에너지로 변환함으로써 양수나 제분 같은 한정된 용도를 벗어나 다방면에 활용할 수 있게 되었다. 그러므로 이제 풍차는 단순한 풍차라기보다는 풍력발전, 풍력터빈발전 등으로 불리워지고 있다.

1.1.1 풍력발전기의 특징
풍력발전기는 여러 가지 종류가 있다. 우선 날개(프로펠러)의 형태에 따라 프로펠러형, 네덜란드 풍차형, 다익형(날개가 여러 개 있는 것), 다리우스형, 사보니우스(Savonius)형 등이 있다. 또 풍차의 종류는 풍차의 회전축이 수평으로 놓여져 있느냐, 수직으로 놓여져 있느냐에 따라 수평축형 풍차와 수직축형 풍차로 크게 분류된다. 수직축형 풍차는 풍차의 회전면을 풍향에 추적시키는 방향 제어기구가 불필요한 점이 큰 특징이라 할 수 있다.

(1) 프로펠러형 풍차
풍력발전에 사용되는 가장 일반적인 풍차는 그림 1.1과 그림 1.2에 보인 것과 같은 프로펠러형 풍차이다. 프로펠러형은 날개의 회전축이 수평으로 되기 때문에 수평축형 풍차로 호칭되며, 블레이드 (blade)는 항공기의 프로펠러와 같은 단면을 가지고 있어 고속으로 회전한다.

유체역학적으로는 풍차의 날개 수가 적을수록 고속 회전한다 하였으므로 풍차들 중에는 날개가 1개이거나 2개인 풍차도 있기는 하지만, 일반적으로는 밸런스가 뛰어난 3개의 날개가 압도적으로 많이 사용되고 있다. 회전수보다 오히려 토크를 크게 하기 위해 날개 5~6개인 풍차도 목격할 수 있다.

프로펠러형은 고속 회전에 적합한 특성을 가지고 있는 반면에 소음이 심하고 수직운동으로 인한 효율 손실에다 컷인 풍속(3~4m/s)이 약간 높아지는 문제가 있다. 그러나 프로펠러형 풍차는 가장 일반적인 풍력발전기이므로 마이크로 풍차에서 대형 풍차에 이르기까지 많이 사용된다. 그리고 최근에는 블레이드의 지름이 70m 이상인 것까지 등장하였다. 앞으로 대형 풍차는 시대적 요구에 따라 더욱 대형화가 예상되며, 산 위에는 물론 해상에까지 설치될 전망이다.

(2) 네덜란드형 풍차

TV의 화면을 통해서도 낯익은 풍차로는 그림 1.3과 같은 네덜란드형 풍차가 있다. 중세 시대부터 시골의 풍차간에 설치되어 바람의 힘으로 회전시키고, 그 힘은 풍차간 내부에 설치된 양수 펌프를 구동하거나 곡물을 탈곡 혹은 제분하는 데 이용하였다. 나무로 만든 날개는 문짝의 창살처럼 만들어졌고, 거기에 천을 씌워 바람을 받는 구조로 되어 있다.

일반적으로 계절에 따라 풍향이 변하게 마련인데, 당시에는 인력

그림 1.1 프로펠러형 풍력발전기의 모습

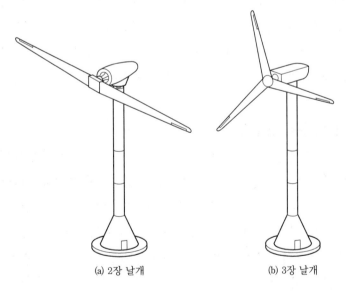

(a) 2장 날개   (b) 3장 날개

그림 1.2 프로펠러형 풍력발전기

그림 1.3 네덜란드형 풍력발전기

으로 바람이 불어오는 방향으로 날개를 지향하도록 했다. 물론 바람이 강할 때는 천을 벗겼다고 한다. 역사적으로 오랜 옛날부터 실용화되었으며 현재도 관광용으로 건재하고 있다.

(3) 다익형 풍차

미국 서부극 영화에도 곧잘 등장하는 것이 그림 1.4와 같은 다익형(多翼型) 풍차이다. 이 풍차는 날개가 약 20개나 되는 풍차로, 주로 미국 중서부의 농가나 목장을 중심으로 양수용에 이용되었다. 이 풍차는 날개가 많기 때문에 회전수가 낮지만 비교적 큰 토크를 얻을 수 있는 특징이 있다. 따라서 양수용에는 안성맞춤이다. 지금도 미국의 시골을 여행하다 보면 곧잘 목격되기도 한다.

그림 1.4 다익형 풍차

그림 1.5 사보니우스형 풍차

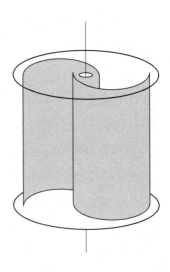

그림 1.6 다리우스형 풍차

제1장 풍력발전의 기초

(4) 사보니우스형 풍차

대표적인 수직축형 풍차로 사보니우스형 풍차가 있다. 이 풍차는 네덜란드 사람 다리우스의 이름을 딴 것으로, 그림 1.5와 같이 반원통형의 2장 날개로 구성되며, 좌우 날개를 서로 다르게 원주 방향으로 다소 중첩되는 부분을 남겨서 엇갈리게 조합한 것이다. 따라서 두 바켓(반분할된 원통) 사이를 빠져나가는 바람을 반대쪽 바켓 뒷면에 흘러들도록 함으로써 회전 방향으로 미는 작용과 맞바람의 저항을 억제하는 힘이 되어 회전효율을 높여주고 있다. 그림 1.7을 보면 사보니우스 풍차를 3단으로 나누어 60°씩 엇갈리게 배치하고 있다.

이 풍차는 프로펠러형 등, 바람의 양력(lift)을 이용하는 것과는 달리 항력(drag)이 주체가 되는 점이 크게 다르다. 따라서 후술하는 주속비(peripheral speed ratio)는 거의 1이 되어 회전수가 낮아지고 소리가 조용하며 토크가 비교적 크므로 양수 등에 적합하다. 특징은 풍향에 상관 없이 회전시키는 점이다.

(5) 다리우스형 풍차

현대의 대표적인 수직축형 풍차로는 우아한 모습의 다리우스형 풍차(그림 1.6과 그림 1.8)가 있다. 이 풍차는 1952년에 프랑스 사람 다리우스에 의해서 발명된 풍차로, 비교적 신세대 풍차이다. 날개는 2~3개가 일반적이고, 항력을 이용하는 사보니우스형과는 달리 양력형이다. 따라서 회전수가 매우 큰 것이 특징이다.

또 풍향에는 영향이 없으므로 방향타가 불필요하지만 정지 상태에서 바람으로부터 얻는 토크(기동 토크)가 매우 작으므로 자력으

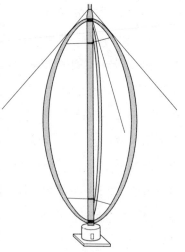

그림 1.7 사보니우스형 풍차의 모습   그림 1.8 다리우스형 풍차의 모습

로 회전을 시작하기 어려운 문제가 있다. 이때문에 모터로 기동하거나 사보니우스형 풍차와 협조하여 기동성능을 향상시키는 등, 여러 가지 대책을 강구하고 있다. 앞에서도 지적한 바와 같이 외견상 스마트하여 사람들의 시선을 집중시킬 수는 있지만 시공상 어려움이 있고, 안전을 위해서는 주위에 방벽을 설치할 필요가 있다.

(6) 자이로 밀(Gyro mill)형 풍차

다리우스형을 개량한 것으로, 항공기의 날개와 같은 단면을 가진 수직 날개형 풍차이다. 사보니우스형과 마찬가지로 기동 토크가 매우 낮으므로 사보니우스형 풍차와 결합하여 기동성을 향상시킬 필요가 있다. 일단 돌기 시작하면 주속비가 높고 회전 토크도 높다.

그림 1.9에서 보는 바와 같이 구조가 약간 복잡하고 고속으로 회

전하기 때문에 사람의 출입이 예견되는 장소나 작업환경이 협소한 곳에 설치하는 경우에는 안전에 특히 신경을 써야 한다. 또 난류와 강풍 때의 위험 대책과 컷아웃 장치 등, 코스트면의 과제도 남아 있다.

(7) 클로스 플로형 풍차

클로스 플로(cloth flaw)형 풍차는 길쭉한 기와장처럼 생긴 날개를 원판 바깥 둘레의 모서리에 적당한 각도를 주어 등간격으로 여러 개를 부착함으로써 내부의 바람이 날개의 틈 사이를 통하여 내부 공동부를 관류(貫流)하여 반대쪽(아래쪽) 날개 틈을 통하여 외부로 배출되면서 일정 방향으로 회전하는 풍차이다.

바람에 대해서는 무지향성이고 모든 방향에서 바람을 받아 회전한다. 그림 1.10에서, 앞쪽 방향에서 바람이 왔을 때 왼쪽 절반의 바람은 풍차를 회전하는 방향으로 유효하게 작용하지만 오른쪽 절

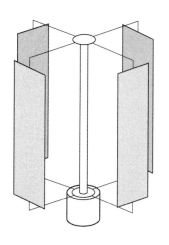

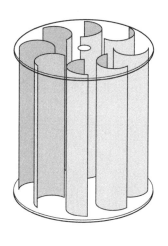

그림 1.9 자이로 밀형 풍차   그림 1.10 클로스 플로형 풍차

반의 바람은 회전 방향 운동에 저항작용을 하므로 기동 토크가 큰 특징은 있지만 회전속도는 크지 않다. 회전속도가 낮으므로 토크가 높고, 소음은 매우 작아 에어콘 등의 송풍용에 많이 쓰인다.

이제까지 설명한 바와 같이 풍력을 이용하는 날개의 형상에 따라 여러 가지 방식이 있지만 역시 효율은 수평축 프로펠러형 풍차가 가장 크다. 따라서 이 책에서는 이 방식의 풍력발전기 제작에 도전하기로 하겠다.

1.2 프로펠러형 풍력발전기의 원리

프로펠러형 풍력발전기에 사용되는 풍차는 풍차라는 호칭 외에
도 프로펠러, 풍력터빈, 임펠러(impeller), 로터(roter) 등 여러 가지
로 호칭하므로 사람에 따라 각자 느끼는 이미지가 다를 수도 있다.
일반적으로 프로펠러는 항공기처럼 원동력으로 바람을 일으켜 추
진력을 얻는 경우에 사용되고, 풍차는 그 반대로 바람의 운동 에너
지를 기계적 에너지로 변환하는 경우에 사용된다. 또 외국에서는
풍차 터빈(wind turbine)이라고 하는 경우도 많다.

그리고 풍차를 구성하는 날개는 블레이드(blade) 혹은 풍차 블
레이드라고 한다. 즉, 풍차란 회전축에 복수 개의 날개를 장착한 것
을 이른다. 항공기에서는 블레이드에 상 당한 부분을 날개라 하고,
날개의 형태, 날개 넓이, 날개 폭, 날개 현(翼弦) 등의 용어가 사용되
며, 풍차의 경우도 이론적으로는 마찬가지이므로 항공기의 용어가 곧
잘 인용된다. 이 책에서는 '풍차 또는 로터'와 '블레이드 또는 날
개'라는 호칭을 쓰기로 하겠다.

프로펠러형 소형(마이크로) 풍력발전은 그림 1.11과 같이 바람을
받는 프로펠러형 풍차, 회전 에너지로 발전하기 위한 발전기, 바람
이 불어오는 방향으로 풍차를 지향시키기 위한 방향날개(꼬리날개),
그리고 이 모든 것을 풍력이 강한 높은 곳에 설치하기 위한 지주(타
워)로 구성된다.

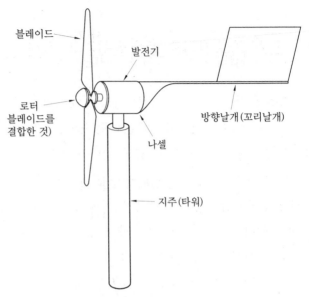

블레이드

발전기

로터
블레이드를
결합한 것)

방향날개(꼬리날개)

나셀

지주(타워)

그림 1.11 프로펠러형 풍력발전기의 구성

1.2.1 풍력발전기의 기본 용어

풍력발전기를 설계하고, 그 설계도를 바탕으로 실제 제작하려면
먼저 관련되는 용어부터 익혀야 한다.

(1) 블레이드(blade)

프로펠러형 풍차의 날개를 이르는 것으로, 블레이드의 크기(지름)
에 따라 획득할 수 있는 에너지가 결정된다. 이를 터빈 블레이드라
고도 하는데 최근의 풍차에서는 고속으로 회전한다.

일반적으로는 허브에 가까운 부분은 폭이 넓고 끝쪽이 좁은 구
조이다. 또 블레이드 단면의 형상은 바람을 맞는 앞면은 바람에 대
하여 경사를 유지하고, 그 각도는 허브에 가까운 중심부가 크고 끝

부분은 작으면서 비틀려 있다. 블레이드는 바람이 있으면 늘 회전하고 바람이 강하면 고속으로 회전한다. 따라서 기계적으로 내구성이 있어야 하고 또 가급적 가벼운 것이 요구된다. 이제까지 소형 풍력 발전기의 블레이드는 일반적으로 목재가 사용되었지만 최근에 이르러서는 FRP가 많이 사용되고 있다.

(2) 로터 (roter)

블레이드를 결합한 풍차는 로터라 하는데, 회전면은 바람의 에너지를 끌어들이는 수집기 역할을 한다. 로터의 지름이 크면 클수록 바람을 받는 면적(수풍면적)도 크게 된다. 수풍면적으로부터 특정 풍속의 바람의 에너지를 계산할 수 있다. 이 계산값에 풍차가 가지고 있는 고유의 에너지 변환효율을 곱함으로써 발생하는 전기 에너지의 양을 계산할 수 있다.

(3) 허브 (hub)

그림 1.11과 같이 블레이드를 로터 축에 장착하는 부분을 허브라고 한다. 풍차가 회전하고 있을 때 블레이드가 고속으로 회전하면 큰 원심력이 작용한다. 또 바람의 방향이 급변하면 그 회전축에는 회전 모멘트가 작용하여, 회전축 방향을 유지하려고 하는 큰 힘이 가해지며 그것이 허브부에 작용한다. 허브부는 로터의 회전으로 이와 같은 힘이 가해지는 부분이므로 그 힘에 견딜 수 있는 충분한 강도가 요구된다.

또 강풍 때의 대책으로, 블레이드 장착각도(피치각도)를 가변으로 하는 피치 제어를 하게 되는데, 그 경우에는 허브 내부에 제어기구를 마련한다.

(4) 발전기

풍력발전기 중에서 가장 중요한 파트로, 로터 블레이드로 획득하는 기계적 에너지를 전기적 에너지로 변환하는 것이다. 특히 풍력발전기의 경우는 낮은 회전수로 효율이 좋은 발전기가 필요하므로 이에 관해서는 다음 장 이후에서 상세하게 설명을 더 하겠다.

(5) 나셀(nacell)

로터 축, 발전기, 요(yaw) 기구 등을 수납하는 부분이다. 대형 풍차의 경우에는 이 부분에 증속기를 비롯하여 발전기, 제어기구 등을 수납한다. 그리고 소형 풍력발전기에서는 이 부분에 전기 출력을 끌어내기 위한 슬립링과 정류기, 또는 강풍 때의 블레이드 장치 등을 수납한다.

(6) 업 윈드형과 방향날개(꼬리날개)

수평축형 풍력발전에서는 블레이드의 수풍면을 늘 바람의 흐름에 직각이 되도록 할 필요가 있다. 그러기 위해서는 풍차 뒷부분에 꼬리날개를 장치하여 블레이드면이 항상 바람을 지향하도록 한다. 이처럼 바람이 부는 앞면에 블레이드를 설치하는 그림 1.12(a)와 같은 방식을 업 윈드형 풍차라고 한다.

(7) 다운 윈드형

업 윈드형에 비하여 그림 1.12(b)와 같이 바람이 블레이드에 작

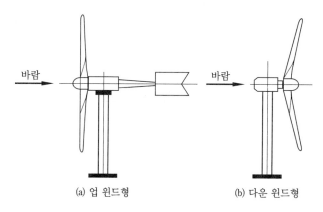

(a) 업 윈드형   (b) 다운 윈드형

그림 1.12 업 윈드형과 다운 윈드형 풍차

용하는 항력(抗力)을 이용하여 풍향 제어축 뒤쪽에 블레이드를 설치하는 방법을 다운 윈드형 풍차라고 한다. 이 방식은 방향날개가 불필요하므로 구조가 간단하다. 그러나 풍차가 지주탑(支柱塔) 뒤쪽에 위치하기 때문에 바람의 흐름이 난류(亂流) 상태로 되어 진동과 소음의 원인이 된다.

(8) 주속비(λ)

주속비(周速比)는 프로펠러·블레이드를 설계할 때 가장 중요한 성능 지표인데, 블레이드의 임의 위치의 회전 방향 속도 V_b [m/s] 와 풍속 V_w [m/s] 의 비(V_b/V_w)로 정의된다.

보통 블레이드 선단의 주속비는 TSR(Tip Speed Ratio)라고 하며, 고속형 블레이드의 경우는 7~10의 값이 된다. 주속비 λ는 다음 식으로 표시된다.

$$\lambda = \frac{\omega r}{V_w} = \frac{\pi n r}{30 V_w} = \cdots\cdots\cdots\cdots\cdots\cdots\cdots\cdots\cdots\cdots\cdots\cdots\cdots (1.1)$$

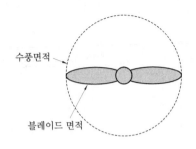

수풍면적

블레이드 면적

그림 1.13 솔리디티비

여기서 ω : 각속도 [rad/s], V_w : 풍속 [m/s], n : 풍차의 회전수 [rpm], r : 풍차 블레이드의 반지름 [m]

위의 식에서 예컨대 풍속이 10 m/s, 블레이드 지름이 1m이고, 블레이드가 1000 rpm으로 회전한다고 하면 주속비 λ는 약 10.5가 된다. 이때 블레이드 선단의 속도는 105 m/s가 되므로 매우 고속인 것을 알 수 있다. 블레이드가 고속으로 회전하면 소음이 발생하거나 부유물과의 충돌로 파손되는 문제 등이 발생한다. 따라서 일반적으로 블레이드의 선단 주속은 50~60 m/s 정도로 억제할 필요가 있다.

(9) 솔리디티비(σ)

수풍면적과 블레이드 면적을 그림 1.13의 각 면적으로 표시하였을 때 솔리디티비(solidity ratio)는 다음과 같이 정의된다.

$$\sigma = \frac{A_b}{A_t} \quad\dots\dots\dots\dots\dots\dots\dots\dots\dots\dots\dots(1.2)$$

여기서 σ:솔리디티비, A_b:블레이드 면적 $[\text{m}^2]$, A_t:풍차의 수풍면적 $[\text{m}^2]$

즉, 풍차의 회전 면적과 전 날개 면적의 비 또는 풍차 지름과 날개 현 길이의 합의 비로 정의된다. 솔리디티비가 1이라는 뜻은, 블레이드의 면적과 풍차의 수풍면적이 같다는 것을 의미하며 다익형 풍차는 솔리디티비가 1에 가깝다고 할 수 있다. 한편, 최근의 고속형 풍차에서는 솔리디티비가 0.05~0.1인 작은 값이다.

일반적으로 블레이드의 주속비는 솔리디티와 깊은 상관이 있다. 즉, 솔리디티비가 작은 풍차는 주속비가 크게 되어 고속 회전형 풍차가 된다. 반대로 솔리디티비가 큰 풍차는 주속비가 작고 다익형 풍차처럼 낮은 회전으로 토크가 커진다.

(10) 컷인 풍속, 컷아웃 풍속, 정격 풍속

풍력발전기에서 풍속과 출력의 관계는 그림 1.14처럼 된다. 즉, 바람이 강해지면 풍차가 회전을 시작하여 발전한다. 발전을 시작할

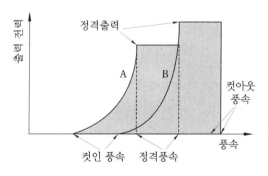

그림 1.14 컷인 풍속과 컷아웃 풍속

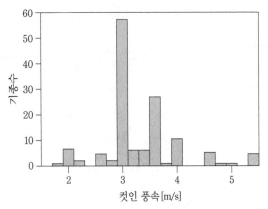

그림 1.15 컷인 풍속의 정격 분포(마이크로 풍력발전기 130 기종의 통계 값)

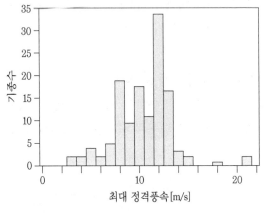

그림 1.16 최대 정격풍속의 분포

때의 이 풍속을 컷인 풍속이라고 한다.

　그림은 두 종류의 발전기 출력 특성을 보여주고 있다. 곡선 A는 컷인 풍속이 작고 정격출력도 작은 예이고, 곡선 B의 발전기는 컷인 풍속이 크고 정격출력도 큰 예이다.

　일반적으로는 컷인 풍속은 작은 편이 좋지만 풍차발전기를 설치하는 장소의 바람 상태(평균 풍속과 최대 풍속)에 따라 최적화가 기획된다.

그림 1.15는 세계 여러 곳에 설치된 소형(마이크로) 풍력발전기 130기종을 조사한 컷인 풍속의 정격 분포이다. 컷인 풍속은 대략 3~3.5 m/s 정도이다. 또 그림 1.16은 마찬가지로 최대 정격풍속 분포인데 9~12 m/s이다.

각 풍차는 강풍 때의 파손으로부터 벗어나기 위해 발전 종료 최대 풍속의 값을 갖는다. 바람으로부터 얻을 수 있는 에너지는 후술하는 바와 같이 풍속의 세제곱에 비례한다. 따라서 상한인 정격출력은 발전기의 최대 허용값으로 결정된다. 그림 1.14와 같이 정격풍속, 정격출력에 이른 다음 풍속이 더욱 커졌을 때 무슨 방법으로든 그 이상의 출력이 나오지 않도록 정지시켜야 하는데, 발전을 정지하는 이 풍속을 컷아웃 풍속이라고 한다.

소형 풍차는 컷인 풍속이 2 m/s 이하인 것이 있지만 일반적으로는 그림 1.15와 같이 3~3.5 m/s 정도이다. 풍황이 별로 좋지 않은 연간 평균 풍속이 작은 지역에서는 컷인 풍속이 보다 낮은 풍차가 유효하다. 또 컷아웃 풍속은 보통 12~20 m/s이고, 강풍 때의 발전 시스템의 강도 등에 따라 결정된다.

(11) 양력과 항력

공기 즉 유체(流體)가 물체에 미치는 힘에는 항력(drag)과 양력(lift)이 있다. 그림 1.17에 보인 바와 같이 고르게 흐르는 유체 속에 놓여진 물체에 대하여, 흐름과 같은 방향으로 작용하는 힘을 항력이라 하고, 흐름에 대하여 직각으로 작용하는 힘을 양력이라 한다.

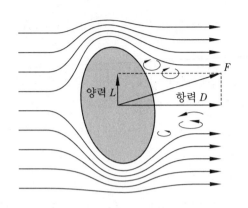

그림 1.17 양력과 항력

약간 왼쪽으로 기운 타원형 볼에 유체(바람)가 부딪히면 힘 F가 작용하고, 그 힘은 유체의 흐름과는 평행하지 않다. 유체의 흐름에 평행한 항력 D와 직각으로 작용하는 양력 L의 합성이 힘 F가 되는 셈이다. 이 양력 L과 항력 D를 무차원화하여 다음 식과 같이 양력계수 C_L, 항력계 C_D로 정의한다. 즉, 양력과 항력의 크기를 나타내는 계수이다.

$$C_L = \frac{L}{\frac{1}{2}\rho V_W^2 A_t} \quad \cdots\cdots\cdots\cdots\cdots\cdots\cdots\cdots\cdots\cdots\cdots\cdots\cdots\cdots (1.3)$$

$$C_D = \frac{D}{\frac{1}{2}\rho V_W^2 A_t} \quad \cdots\cdots\cdots\cdots\cdots\cdots\cdots\cdots\cdots\cdots\cdots\cdots\cdots (1.4)$$

여기서 L: 양력 [kgf] , D: 항력 [kgf] , ρ : 공기의 밀도 [kg/m³] , V_w : 바람의 상대속도 [m/s], A_t : 풍차 수풍면적 [m²] ($=\pi r^2$, r는 블레이드 반지름)

이들 계수 C_L와 C_D의 값은 물체(날개)의 형상에 따라 값이 틀리게 되는데, 계산으로는 구할 수 없고, 보통은 주어진 날개 형을 풍

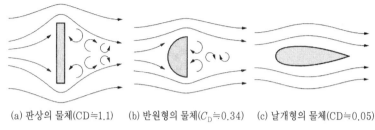

(a) 판상의 물체(CD≒1.1)　　(b) 반원형의 물체(C_D≒0.34)　　(c) 날개형의 물체(CD≒0.05)

그림 1.18 항력계수

동에서 측정하여 구한다.

　대표적인 항력계수를 그림 1.18에 예시하였다. 판상(板狀)인 물체의 항력계수가 약 1.1인 데 대하여 그림 (c)와 같이 바람이 흐르기 좋은 블레이드 형상에서는 항력계수가 약 0.1 이하로 되어 항력이 매우 작아지는 것을 알 수 있다.

1.2.2 프로펠러형 풍력발전의 원리

　풍차는 왜 도는가? "그야 바람이 부니까 돌겠지"라고 대답하는 사람들도 있을 것이다. 우문현답일지 모르지만 조리있는 답변은 아니다. 프로펠러형 풍차는 양력(揚力)으로부터 회전력을 얻어 돌게 되는데, 그 내용을 좀더 상세하게 설명하겠다.

(1) 양력과 항력

　날개가 3개인 프로펠러와 그 블레이드의 단면을 그림 1.19와 그림 1.20에 보기로 들었다. 블레이드는 바람을 받아서 회전하므로 상대적인 바람의 방향은 그림 1.20과 같이 기울어진 방향이 된다. 상대적인 바람의 방향에 대하여 작용하는 힘은 항력이고, 상대적인

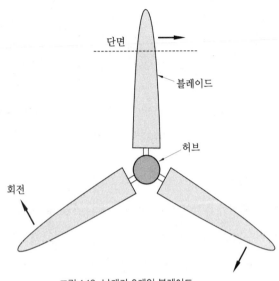

그림 1.19 날개가 3개인 블레이드

바람의 방향과 블레이드는 영각(angle of attack)을 가지고 있으므로 이로 인해서 상대적인 바람의 방향에 대하여 직각으로 힘이 작용한다. 이것이 바로 양력이다.

지금 그림 1.20과 같이 상대적인 바람의 방향에 대하여 블레이드의 각도 α(영각)를 작게 하면 블레이드는 바람의 저항을 그만큼 작게 받아 항력이 작아지지만 양력은 매우 커진다. 일반적으로 항력에 대한 양력의 비율은 10~50배나 된다.

그림 1.20의 양력 L와 항력 D의 블레이드 회전 방향의 힘을 분석하면, 회전 방향의 힘은 양력 L_t에서 항력성분 D_t를 제한 값이다. 즉, 항력보다 양력이 크므로 블레이드는 회전 방향의 힘을 받는다. 블레이드를 설계함에 있어서는 가급적 이 양력을 크게 하고, 반면

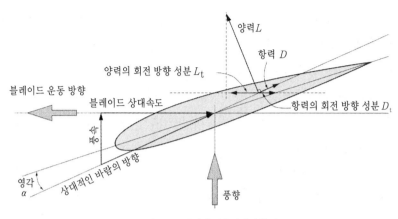

양력 L

항력 D

양력의 회전 방향 성분 L_t

블레이드 운동 방향

블레이드 상대속도

항력의 회전 방향 성분 D_t

양속

상대적인 바람의 방향

영각 α

풍향

그림 1.20 블레이드의 양력과 항력

에 항력을 작게 하도록 노력한다.

또 이 양력은 상대적인 바람의 유속의 제곱에 비례하여 발생하므로 블레이드의 회전이 빠르면 빠를수록 상대 속도가 커져 보다 큰 양력이 발생한다. 이 양력을 크게 하기 위해 최근의 프로펠러형 풍차는 고속 회전하도록 설계되고 있다. 그러나 빨리 돌면 돌수록 항력도 증가하므로 빨리 도는 것만이 꼭 좋은 것은 아니다.

(2) 양력계수와 항력계수

양력계수와 항력계수는 영각 α(그림 1.21)와 레이놀드수 (Reynolds number) N_{Re}에 따라 크게 변화한다. 레이놀드수는 유체역학에서 중요한 무차원 파라미터이므로 뒤에서 다시 설명하겠다.

블레이드의 날개 형상은 항공기의 날개 형상과 마찬가지인데 이미 제2차 세계대전 이전부터 연구되어, 우수한 성능의 많은 형상의 날개가 만들어졌다. 특히 미국의 항공자문위원회(National

Advisory Committee for Aeronautics, 약칭 NACA)가 개발한 날개형이 유명하다. 이 날개형의 특성은 공개된 바 있으므로 블레이드 설계에 이용할 수 있다.

영각 α와 양력계수 C_L 및 항력계수 C_D의 관계를 도시한 예가 그림 1.22이다. 그림은 영각을 변화시켰을 때의 양력계수와 항력계수의 변화를 나타내고 있다.

이 그림을 보아서도 알 수 있듯이, 영각을 서서히 크게 하면 영각이 0~15°에서는 양력계수가 상승하지만 약 15~20° 이상이 되면 양력계수가 급속하게 떨어진다. 그와 동시에 항력계수는 급속하게 증가한다. 이것은 영각이 15~20°를 넘으면 블레이드의 경계층이

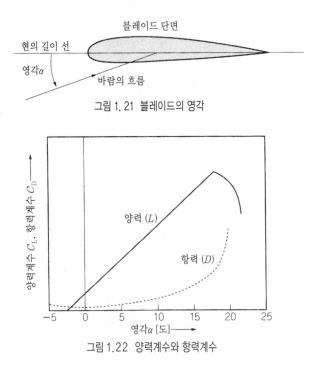

그림 1. 21 블레이드의 영각

그림 1.22 양력계수와 항력계수

박리하여 실속(失速)하고, 뒤에 소용돌이의 큰 흐름이 형성되기 때문이다. 이 상태를 실속(stall)이라고 한다(그림 1.23 참조).

이와 같은 이유로 풍차 블레이드는 상대적인 바람의 방향에 대하여 영각을 최적점으로 조정 할 필요가 있다. 이 최적 영각은 바람의 속도와 블레이드의 회전수에 따라 변하므로 항상 영각이 최적이 되도록 제어하여 최대 출력을 얻도록 한다. 또 강풍 때는 영각을 작게 하여 회전수를 낮추는 피치 제어나 영각을 크게 설정하여 블레이드를 실속시키는 스톨 제어로 과회전을 막기도 한다.

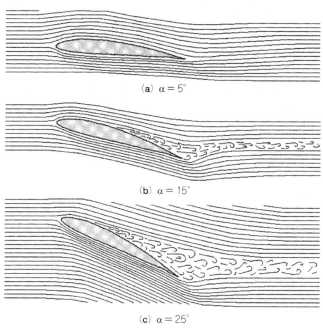

(a) α = 5°

(b) α = 15°

(c) α = 25°

그림 1.23 블레이드와 기류의 흐름

그림 1.24는 'Clark-Y'라고 하는 대표적인 날개형 블레이드의 항력계수, 양력계수, 양항비(揚抗比)를 나타낸 것이다. 이 그림을 보아서도 알 수 있듯이 양력(L)과 항력(D)의 비(L/D)는 영각이 0°인 때 최대이고, 그 값은 16이나 된다. 이것이 풍차 회전의 원동력이 되고 있다.

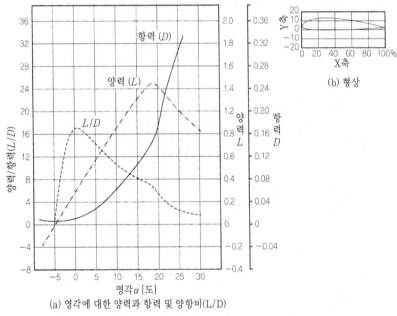

(a) 영각에 대한 양력과 항력 및 양항비(L/D)

그림 1.24 Clark-Y형의 양력과 항력 특성

1.3 풍차로부터 얻을 수 있는 에너지

바람은 변덕스러운 것이지만 그 강도에 따라서는 상쾌하게 느껴지는 산들바람이 되기도 하고 재해의 원인이 되는 태풍이 되기도 한다. 이 바람은 어느 정도의 에너지를 가지고 있을까?

또 풍차를 돌려서 그 회전력으로 발전기를 가동하여 에너지를 얻는다면 어느 정도의 전력을 얻을 수 있을까? 물론 풍차 날개의 크기와 바람의 세기(풍속)에 따라 큰 변화가 있다는 것은 쉽게 상상할 수 있다.

1.3.1 바람으로부터 얻을 수 있는 에너지

(1) 획득할 수 있는 에너지의 양은 풍차의 수풍면적에 비례하고 풍속의 세제곱(세제곱)에 비례한다.

이론적으로 그림 1.25와 같은 수평축 프로펠러형 풍차로부터 얻을 수 있는 에너지량 P_w [W] 는 다음 식으로 주어진다.

$$P_w = \frac{1}{2} \rho A_t V_w^3 C_p \cdots\cdots\cdots\cdots\cdots\cdots\cdots\cdots\cdots\cdots\cdots\cdots\cdots\cdots (1.5)$$

여기서 ρ : 공기밀도 [kg/m³] (20℃에서 1.22), A_t : 풍차의 수풍면적 [m²] (= πr^2, r : 블레이드 반지름), V_w : 풍속 [m/s] , C_p : 파워계수(보통 0.3~0.4)

위의 식에 의해서 프로펠러형 풍차를 사용하여 바람으로부터 얻을 수 있는 에너지는 풍차의 수풍면적에 비례하고 풍속의 세제곱에 비례하는 것을 알 수 있다. 즉, 바람이 2배로 되면 8배의 출력을 얻

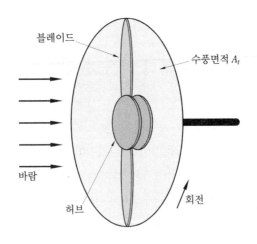

블레이드

수풍면적 A_t

바람

허브

회전

그림 1.25 프로펠러의 수풍면적

게 되므로 풍차는 조금이라도 바람이 강한 장소를 찾아 설치하는 것이 효과적이다. 반대로 풍속이 작은 장소에서는 출력이 급격하게 작아지므로 풍력발전으로는 비효율적이라 할 수 있다.

대형 풍차의 경우에는 평균 풍속이 적어도 6 m/s 이상이 되지 않으면 채산이 맞지 않는다고 하는데, 실제로 풍력발전기는 그 지역의 평균 풍속이 중요하다는 것을 위의 식으로 실감할 수 있다.

(2) 파워계수와 베츠의 한계

풍력발전기는 바람이 가진 에너지를 풍차를 통해서 기계적 에너지로 변환하고 이 기계적 에너지는 다시 발전기를 통하여 전기적 에너지로 변환하여 이용한다. 그러나 이 변환 과정에서는 그때마다 손실이 발생한다. 여기서 바람의 에너지를 풍차를 이용하여 기계적 동력으로 변환하는 효율을 파워계수(power coefficient)라고 한다.

풍차로부터 얻는 에너지는 이 밖에 기계계의 전달효율과 발전기의 효율 등이 있으므로 최종 출력은 이 모든 것을 곱하여 얻는 값이 된다.

한편 자연의 바람이 갖는 에너지와 풍차로부터 얻을 수 있는 에너지(출력)의 비율은 파워계수 C_P라 하는데, 이 값에는 한계가 있다. 즉, 이상(理想) 풍차인 경우 최대값이 $C_P=16/27$(약 0.593)이 된다. 이 값은 이 계수를 유도한 학자의 이름을 따서 '베츠(Bets)의 한계'라고 한다. 베츠의 한계 이론에 따르면 바람이 가지고 있는 전 에너지 중에서 최대 59%의 에너지밖에 얻어내지 못한다.

수평축 풍차의 경우에는 블레이드 개수와 날개 형상에 따라 다르지만 파워계수 C_P는 대략 0.35~0.45가 된다. 즉, 바람이 가지고 있는 에너지의 35~45%를 얻어낼 수 있는데, 이 에너지는 기계적 에너지이므로 전기적 에너지로 변환하여 얻는 에너지는 다시 감소한다.

그림 1.26은 이 과정을 도시한 것이다. 중·대형 풍력발전기에서는 로터·블레이드의 회전수가 작아지기 때문에 기어박스에 의해서 증속이 되는데, 이 증속기의 효율과 기계적 에너지를 전기적 에너지로 변환하는 발전기의 효율, 그리고 발전한 전력을 필요한 형태로 변환하는 제어·변환기의 효율 등이 있으므로 최종적인 출력 P_0는

$$P_0 = P_w \eta_a \eta_g \eta_c \quad \cdots\cdots\cdots\cdots\cdots\cdots\cdots\cdots\cdots\cdots\cdots\cdots\cdots (1.6)$$

여기서 P_w:블레이드가 얻는 에너지, η_a:증속기의 효율, η_g:발전기의 효율, η_c:제어·변환기의 효율
이다.

따라서 그림과 같이 $C_P=40\%$, $\eta_a=90\%$, $\eta_g=80\%$라고 하면, 풍

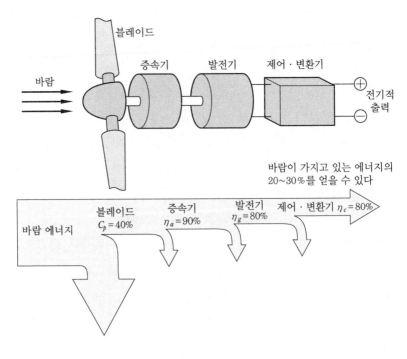

그림 1.26 풍차를 통하여 바람으로부터 얻을 수 있는 에너지

력발전기로부터 얻을 수 있는 에너지는 바람이 가지고 있는 에너지의 약 23%가 된다.

(3) 얻을 수 있는 에너지는 풍차의 로터 블레이드의 면적에 상관없이 풍차의 수풍면적에 비례한다

한편 식 (1.5)로도 알 수 있듯이, 풍차로부터 획득할 수 있는 에너지는 로터 블레이드의 면적에는 상관없이 풍차의 수풍면적 A에 비례한다는 것을 일 수 있다. 얼핏 생각할 때 프로펠러의 날개 수를 많이 하면 바람으로부터 더 큰 에너지를 얻을 수 있으리라 예상되겠지만, 사실은 식 (1.5)로 알 수 있듯이 지름만 같다면 날개는 1개이든 10개이든 출력은 같다.

그림 1.27은 블레이드가 1장인 예이고, 그림 1.28은 블레이드가 5장인 발전기의 예이다. 블레이드가 회전하고 있을 때의 수풍면적이 같다면 같은 출력을 얻게 된다.

그림 1.29는 식 (1.5)에 의한 풍차로부터 얻을 수 있는 에너지를 파워계수 C_P=0.3이라 가정하여 도시한 것이다. 그리고 그림의 범례는 블레이드 지름 [m]이다. 풍력발전기를 설계할 때는 이 그림에 의해서 필요한 출력 전력을 토대로 블레이드의 지름 치수를 구할 수 있다.

예를 들면, 풍속이 5m/s일 때 25W 정도의 출력이 필요한 경우에는 그림 1.29에서 지름 약 1.2m 길이의 로터 블레이드가 필요한 것을 알 수 있다. 전술한 바와 같이 얻을 수 있는 출력은 풍속의 세

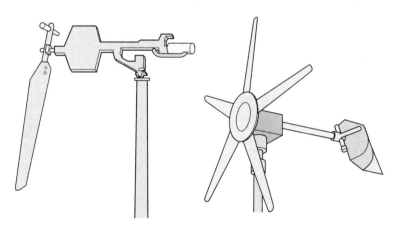

그림 1.27 블레이드가 1개인 풍차　　　　그림 1.28 블레이드가 5개인 풍차

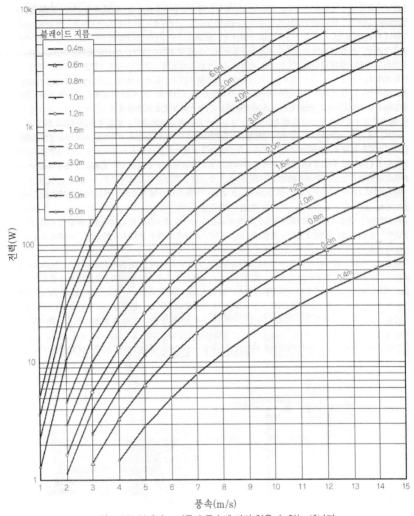

그림 1. 29 블레이드 지름과 풍속에 따라 얻을 수 있는 에너지

제곱에 비례하므로 풍속이 2배인 10 m/s가 되면 출력은 8배로 되고, 지름이 1.2 m인 풍차 블레이드라면 200 W의 출력을 얻을 수 있다. 뒤집어 말하면, 이 출력으로도 과부하가 되지 않는 발전기가 필요하다.

일반적으로 평균 풍속은 바람이 강한 지역이라도 고작 4~6 m/s 정도이지만 간혹 폭풍이 불어 풍속이 15~20 m/s에 이르는 경우도 있다. 따라서 강풍 때는 발전기의 정격출력을 초과하지 않도록 블레이드의 방향을 편향시키거나 발전기의 부하를 무겁게 하여 블레이드 회전을 느리게 하는 등, 어떤 브레이크 장치를 장착할 필요가 있다.

1.3.2 풍차의 종류와 파워계수

풍력발전기의 종합 효율 중에서 바람의 에너지를 풍차를 통하여 기계적 동력으로 변환하는 효율을 파워계수라고 한다는 것은 이미 앞에서 기술한 바 있다. 그림 1.30은 대표적인 풍차의 파워계수를 예시한 것이다. 가로축은 주속비이고, 파워계수 C_P는 이상 풍차의 경우 최대값이 약 0.59가 되지만 풍차의 종류에 따라 파워계수가 다르다. 그림 1.30은 각종 풍차에 대하여 일반적인 경향을 나타낸 것이다.

그림에서와 같이 수평축형 프로펠러 풍차와 수직축형 다리우스 풍차가 효율 측면에서 우수하다는 것을 알 수 있다. 프로펠러형 풍차에서는 풍차로부터 얻을 수 있는 에너지는 블레이드의 회전면 면적(수풍면적)에 비례한다. 따라서 풍차로부터 획득할 수 있는 에너지는 블레이드의 날개 수에 따라 변하지 않는다. 그러나 동일한 로터 지름으로 동일한 출력을 얻는 경우 블레이드 개수가 적을수록

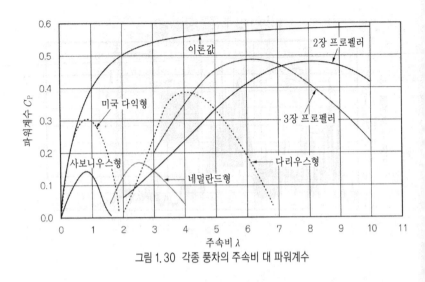

그림 1.30 각종 풍차의 주속비 대 파워계수

고속 회전이 가능하다. 그림 1.30에서 날개 2개인 블레이드와 3개인 블레이드의 파워계수는 이 경향을 잘 나타내고 있다. 실제 제작에서는 블레이드 날개가 2개이면 허브부의 구조가 간단하여 경제적이지만 강풍 때 방위 제어에 진동이 발생하기 쉬운 결점이 있다.

이에 비하여 날개가 3개인 블레이드는 일반적으로 안정감이 있고 보다 부드럽게 동작하며, 타워도 비교적 간단하기 때문에 상업용으로 가장 많이 사용되고 있다. 그러나 허브 부분의 구조가 약간 복잡하게 되는 결점이 있다.

일반적으로 발전기는 고속 회전 때 효율이 좋아진다. 따라서 풍차를 사용하여 직접 발전기를 돌리는 경우에는 블레이드의 회전수를 높이기 위해 주속비를 6~10의 높은 값으로 설계하기도 한다. 그러나 주속비가 클수록 로터의 회전수도 높아지기 마련이고, 고속 회전하므로 안전성 측면에서 어려움이 따른다. 또 원심력에 대한 강도와 부유물과의 충돌 대책상 블레이드의 강도도 높일 필요가 있다. 이 밖에도 주속비를 크게 할수록 블레이드 자체의 공기저항이 증가하고 효율이 떨어진다. 따라서 주속비는 10 이내로 설정하는 것이 적당하다.

한편, 대형 풍차발전기는 로터 회전수가 작아지므로 기어에 의한 증속이 필요한데, 이때 기어로부터 발생하는 큰 소음이 문제이다. 때문에 최근의 경향으로는 발전기축을 직접 블레이드로 구동하는 다이렉트 드라이브 방식이 늘어나는 추세이다.

1. 4 소형 풍력발전의 이용 분야와 이용방법

1.4.1 필요한 때 필요한 전력을 얻기 위한 방법

풍력발전기로부터 획득할 수 있는 에너지(전력)는 풍속에 따라 시시각각 변화한다. 바람으로부터 획득할 수 있는 에너지는 전술한 바와 같이 풍속의 세제곱에 비례하는데, 그림 1.31은 바람이 약간 센 날의 풍속 변화와 한 아마추어가 손수 만든 지름 1.2 m의 블레이드를 장착한 풍력발전기의 발전량 변화를 측정한 데이터이다. 이 데이터를 통하여 알 수 있듯이, 풍속은 늘 변화하고 발전량도 따라서 크게 변화하는 것을 알 수 있다.

이처럼 변화가 큰 경우 발전기로부터 얻은 전력을 직접 이용하기는 매우 어렵다. 즉, 전력이 필요한 때에 바로 사용할 수 있게 하기 위해서는 발전한 전력을 어떤 형태로든 저장하고, 저장한 전력을 이용하는 것이 필요하다.

대전력을 얻는 풍력발전에서는 생산한 전력을 저장하기 어렵기 때문에 발전한 전력을 전력회사의 전력계통에 접속하는 방법(그림 1.32)을 채용하고 있다. 그러나 전력회사 입장에서도 이처럼 변화가 큰, 변덕스러운 전력은 다루기 어렵고, 특히 수급을 조절하기 힘들기 때문에 큰 문제가 된다. 일반적으로 풍력발전의 비율은 10 %가 한계인 것으로 간주되고 있다.

풍력발전의 경우는 여러 대를 동시에 가동한다면 발생 전력을 약간은 평준화할 수 있지만 이에도 바람이 선결 조건이므로 역시 한

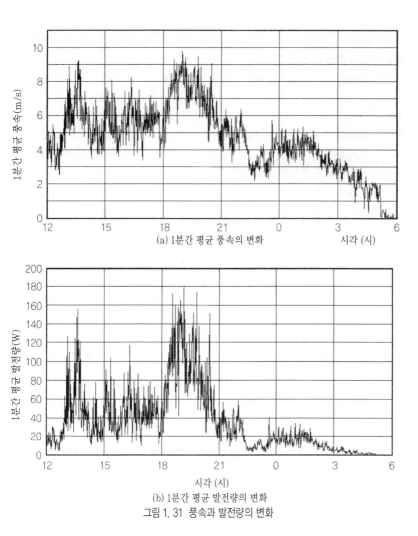

(a) 1분간 평균 풍속의 변화

시각 (시)

(b) 1분간 평균 발전량의 변화

그림 1. 31 풍속과 발전량의 변화

계가 있다.

1. 4. 2 태양광발전과의 하이브리드 시스템

일반 가정에까지 보급되기 시작한 태양광발전의 경우는 다소 안정된 전력을 얻을 수 있지만 그래도 주간에 햇볕이 있을 때에 국한되므로 필요한 때 필요한 전력을 얻기 위해서는 역시 전력회사의 계통에 접속하여 발전할 수밖에 없다.

이처럼 풍력발전은 바람이 없으면 제 구실을 못한다. 태양광발전 역시 태양광이 없으면 구실을 다하지 못한다. 따라서 풍력발전과 태양광발전을 병용한 하이브리드 시스템으로 운용하는 것이 현명하다.

이 책에서 다루는 소형 풍력발전기의 경우는 그림 1.33과 같이 풍력발전과 태양광발전을 병용하여 얻은 전력을 일단 배터리에 충전한 다음 그 배터리에 저장된 전력을 이용하는 방법이 채용되고 있다. 물론 배터리에는 충전할 수 있는 용량에 한계가 있으므로 사용 가능한 전력은 배터리 용량 범위 이내이므로 이용 분야도 제한을 받게 마련이다.

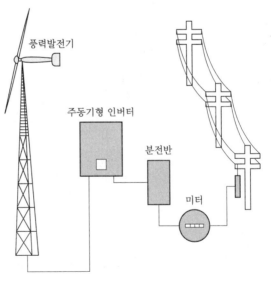

그림 1.32 대형 풍력발전의 계통 연계

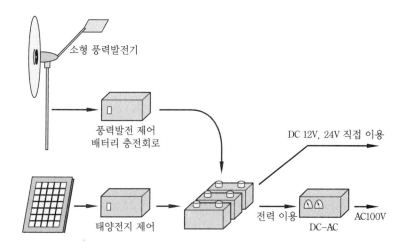

그림 1.33 풍력발전과 태양광발전을 병용하여 일단 배터리에 충전하는 방식

1.4.3 구체적인 이용 분야의 예

소형 풍력발전은 다음 분야에 이용할 수 있고, 이 밖에도 여러 용도에 응용을 생각할 수 있다.

(가) 자연 에너지 활용에 대한 계몽용 및 학교의 환경 교육

(나) 산간 대피소 같은 곳의 조명이나 화장실용 전원

(다) 농업용 해충 구제용 전원

(라) 산악지대, 낙도 등의 무인 감시, 관측소용 전원

(마) 캠프 등의 휴대 전원

(바) 기타

최근 LED의 휘도가 대폭 개선되었으므로 그림 1.34 및 그림 1.35 처럼 효율이 좋은 LED 조명과 결합하면 이용 분야는 더욱 확대될 것으로 믿어진다. 옥내 조명과 옥외의 조명으로 활용할 수도 있을

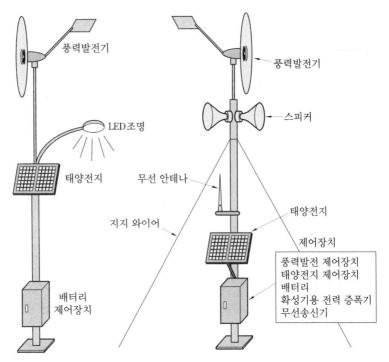

그림 1.34 태양전지와 LED 등을
결합한 가로등

그림 1.35 산악지대의 위험지역 관측 및 방송장치

것이다. 물론 밝기를 검출하여 야간에만 자동으로 조명하고, 배터리
의 비축량이 소진되면 자동으로 소등되도록 하면 된다.

1.4.4 연료전지와의 하이브리드 시스템

최근 연료전지가 각광을 받고 있다. 연료전지는 전지로 호칭되고
있지만 사실은 발전장치라고 하는 것이 더 어울리는 표현이다. 연료
전지는 수소(H_2)와 산소(O_2)만 있으면 계속 전기를 만들어낼 수 있
다. 수소와 산소가 반응하여 발전한 결과 부산물로 발생하는 것은

물뿐이어서 대기오염의 원인이 되는 질소산화물(NO_x)을 전혀 배출하지 않는다. 때문에 궁극의 청정 에너지라 할 수 있다. 그러나 본격적인 보급에는 아직도 기술적 과제가 많다. 그중에서도 가장 큰 과제는 수소의 저장과 운반 문제이다.

환경론자들은 이 세상에 수소연료가 충분히 보급된다면 화석연료 문제는 해소될 수 있을 것이라고 주장하고 있다. 물을 전기분해 하려면, 물에 외부로부터 전기를 통하여 수소와 산소로 분해한다. 연료전지는 이 역으로 수소와 산소를 전기화학반응시켜 전기를 만든다.

그러나 현재 수소연료의 대부분은 수증기와 천연가스를 가열하여 반응시키는 수증기개질법(水蒸氣改質法)으로 생성하고 있다. 때문에 수소연료로 전환할지라도 환경에 대한 부하 경감 효과는 거의 기대할 수 없으며, 화석연료에 대한 의존도도 경감하지 못할 것이라는 반대파들의 주장도 제기되고 있다.

이처럼 논의가 분분한 것이 현실이지만 공정하게 평가할 때 풍력이나 태양광은 환경에 부담을 주지 않는 가장 유효한 수단인 것으로 믿어진다. 다만 풍력발전은 지구 환경에 전혀 영향을 주지 않지만 바람의 세기에 따라 발전량이 시시각각 변화한다. 즉, 변동이 크고 전력의 질도 양호하지 않다. 따라서 풍력발전에서 발전한 전력을 직접 이용하기는 곤란하다. 필요한 때에 필요한 만큼의 전력을 얻기 위해서는 어떤 형태로든 발전한 전력을 저장하고, 필요한 때에 그 전력을 사용하는 방식을 채용하고 있다. 그러나 배터리로는 전력 저장량에 한계가 있고 이용 범위도 제한을 받는다.

그래서 풍력발전의 전력으로 수소를 생산하고, 연료전지를 사용하여 필요한 때에 필요한 만큼의 전력을 얻는 것이 가장 유효한 이용방법으로 부각되고 있다. 수소 저장에는 많은 과제가 잔존하는 것도 사실이지만 이미 몇몇 선진국에서는 가정용 연료전지를 판매하고 있으며 앞으로 소형 풍력발전으로도 사용이 가능한 수소 발생장치가 등장할 것으로 기대된다.

제 **2** 장

풍력발전용 발전기

2.1 발전기의 기초

프로펠러형 풍력발전은 풍차, 발전기, 꼬리날개와 지주만 있으면 구성할 수 있다. 그러나 무엇보다 핵심이 되는 부품은 발전기와 풍차 블레이드이다. 특히 개인적 차원에서 소형 풍력발전기를 제작하는 경우 풍차 블레이드는 목재나 가벼운 재료로 제작할 수 있겠지만, 발전기는 어떻게 할 것인지 어려운 과제가 아닐 수 없다.

풍력발전기에 사용할 수 있는 발전기를 다방면으로 탐색해 보았지만 일부 메이커에서 제작한 것들은 너무 비싸거나 개인으로서는 구하기 어려워 적당한 것을 찾기 어렵다. 매우 작은 것이라면 자전거용 발전기가 있고, 중형으로는 자동차용 제너레이터(발전기)가 있기는 하다. 그러나 요즈음에는 발전기가 달려 있는 자전거를 보기 어렵고 구할 수 있다 한들 성능과 기능면에서 적합 여부가 미지수이다.

그림 2.1은 미국 사우스웨스트 윈드파워사가 만든 소형 풍력발전기 위스퍼(Whisper)에 탑재되어 있는 아우터 로터형 발전기이다. 이 발전기를 보면 자작하는 것은 매우 어렵겠구나 하는 생각이 든다.

다음은 발전기를 자작하는 데 필요한 도전 과정이다.

2.1.1 DC 모터의 이용 여부

발전기는 기능적으로 모터의 역순이므로 DC 모터의 축만 돌려주면 효율은 어찌되었든 발전기의 구실을 한다. 따라서 시중에 판매되고 있는 소형 DC 브러시 모터를 우선 발전기로 이용해

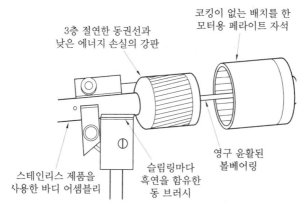

3층 절연한 동권선과
낮은 에너지 손실의 강판

코킹이 없는 배치를 한
모터용 페라이트 자석

스테인리스 제품을
사용한 바디 어셈블리

슬림링마다
흑연을 함유한
동 브러시

영구 윤활된
볼베어링

그림 2.1 소형 풍력발전기 Whisper의 구조(미국 Southwest Windpower사 제)

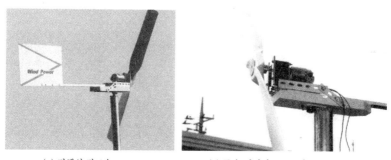

Wind Power

(a) 전체의 겉모습

(b) 중속 기어와 DC 모터

그림 2.2 소형 DC 브러시 모터를 사용한 시제 발전기

보기로 하자. 소형 DC 브러시 모터의 정격 회전수는 일반적으로
3000~5000rpm으로 고속이다. 그러므로 발전기로 사용하는 경우
도 회전수가 수천 rpm 이상이어야 충분한 발전 출력을 얻을 수 있다.

풍력발전의 경우는 로터 블레이드의 크기에 따라 틀리지만 일반
적으로 그 지름이 1m 정도이면 겨우 800~1200rpm 정도이다. 따
라서 모터 축에 직접 블레이드를 단 경우는 기대하는 출력을 얻을

그림 2. 3 코어레스 DC 브러시 모터(포르티스캐프사 제)

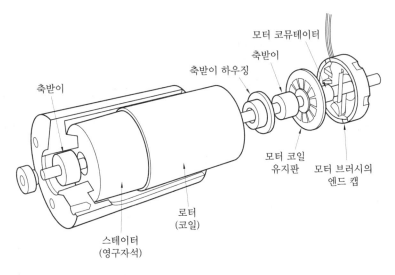

모터 코뮤테이터

축받이

축받이 하우징

축받이

모터 코일
유지판

모터 브러시의
엔드 캡

로터
(코일)

스테이터
(영구자석)

그림 2. 4 코어레스 DC 브러시 모터의 구조

수 없다. 그래서 기어나 벨트를 이용하여 몇 배로 증속할 필요가 있
다. 그림 2.2는 감속 기어가 달린 모터를 역으로 발전기로 사용한
예이다.

또 DC 모터는 브러시에 의한 초기 토크가 약간 클 뿐만 아니라 증속하면 초기 토크가 더욱 커지므로 풍속이 작을 때는 회전하지 않는다. 즉, 컷인 풍속이 커진다. 그림 2.2의 예에서는 실험 결과 4~5m/s 이상이 되지 않으면 블레이드가 회전하지 않았다.

그래서 발전기로 사용할 만한, 초기 토크가 작고 효율이 좋은 모터를 열심히 탐문해 보았지만 쉽게 구하지 못했다. 우연히 찾아낸 그림 2.3의 스위스제 ESCAP DC 모터는 회전수가 높으면서 초기 토크가 매우 작고, 효율도 매우 좋다는 것을 알았다.

이 모터는 의료기기 등 산업용에도 쓰이는 DC 모터로, 그림 2.4에서와 같이 로터가 코어레스이고 효율이 매우 좋은 것이 특징이다.

이 모터를 기어를 이용하여 5배로 증속하고 지름 40~60 cm 정도의 블레이드를 달면 최대 10~15W의 출력을 얻을 수 있다. ESCAP 18W 모터(34L11-219E·2)를 사용하고, 기어를 이용하여 5배로 증속한 초소형 풍력발전기를 제작하였을 때의 구조도를 그림 2.6에, 이 겉모습을 그림 2.5에 각각 보기로 들었다. 이 발전기는 정원에서 시험 가동한 결과 1년 정도 지나자 모터가 다운되었다. 풍

(a) 전체의 겉모습   (b) 증속기어 박스와 모터

그림 2. 5 코어레스 DC 브러시 모터를 사용한 풍력발전기

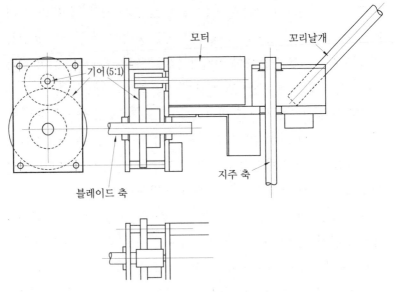

모터

꼬리날개

기어 (5:1)

블레이드 축

지주 축

그림 2.6 코어레스 DC 브러시 모터를 사용한 풍력발전기의 구조

력발전기처럼 늘 회전하고 있는 경우에는 내구성에 문제가 있다.

결론적으로, 목표로 하는 100W 이상의 풍력발전기를 제작하는 경우 효율과 회전수 측면에서 DC 모터로는 제약이 크므로 적당한 것이 없는 것 같다.

2.1. 2 자전거용 발전기의 이용 가능성

근래에 와서는 쉽게 목격되지 않지만 수입품 중에는 전조등용의 소형 발전기가 장착된 자전거(그림 2.7)도 있다. 이 발전기는 소형이지만 발전을 목적으로 하고 있으므로 풍력발전에도 이용이 가능하다. 문제는 출력이 불과 수 와트 정도로 작고, 코깅(cogging)이 상당히 큰 점이다. 코깅이란, 축 회전이 원활하지 않고 특정 회전각에서

그림 2.7 자저거용 발전기

(a) 스타터

(b)로터

그림 2.8 자동차용 교류 발전기

토크가 커지는 현상인데, 이 발전기를 풍차에 장착할 경우 풍속이 어
느 정도 강하지 않으면 회전을 시작하지 않는다. 즉, 컷인 풍속이 커
진다. 그와 동시에 회전수도 1000 rpm 이상이 필요하다. 장난감으로
만들려면 몰라도 발생한 전력을 이용하려면 출력이 너무 빈약하다.

2.1.3 자동차용 발전기의 이용 가능성

자동차에 장착된 교류 발전기를 이용할 수 있는지 검토해 보자.
그림 2.8은 자동차용 발전기를 분해한 그림이다. 자동차용 발전기

는 로터에 자계를 발생시키기 위한 코일(로터 코일 혹은 필드 코일이라고도 한다)이 감겨 있으며, 이 코일에 전기를 통함으로써 로터가 전자석이 된다. 그림 2.9는 자동차용 발전기의 기본 회로도이다.

이그니션 스위치(ignition switch)를 ON으로 하면 IC단자에 전압이 걸려 제어회로를 통하여 트랜지스터(Tr)를 ON시켜 로터 코일에 전류를 흘린다. 이로써 로터가 여자되어 발전을 시작한다. 발전전압이 설정값보다 커지면 레귤레이터(regulator)에 의해서 이 여자전류(excitation current)를 감소하여 발전전압을 낮추도록 되어 있다.

이처럼 자동차에서는 로터 코일에 흘리는 전류에 의해서 자속을 변화시켜 배터리(battery)의 충전전압을 제어하고 있다. 따라서 발전하기 위해서는 로터 코일에 전류를 흘릴 필요가 있다.

풍력발전기에서는 바람이 없는 경우도 있으므로 상시 로터 코일

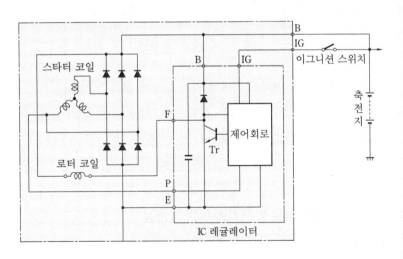

그림 2. 9 자동차용 발전기의 기본 회로도

에 전류를 흘릴 수는 없다. 그러므로 블레이드의 회전을 감지하여 회전수가 어느 값 이상이 되면 로터 코일에 전류를 공급하여 발전하도록 구성할 필요가 있다. 하지만 발전기는 발전을 시작하는 회전수가 일반적으로 800~1000rpm이므로 1m 이상의 블레이드를 장착하는 경우에는 어떠한 증속이 필요하다. 이와 같은 여러 측면을 고려할 때 출력전력은 기대할 수 있으나 반면에 증속기를 부가할 필요가 있어 구조적으로나 중량적으로 크고 복잡한 구성이 필요하다.

2.2 발전기의 원리와 구조

발전기라고 해서 모두 구조가 같은 것은 아니다. 그러므로 손수 만들려고 할 때, 먼저 망설이게 되는 것이 어떤 구조로 할 것인가이다. 따라서 우선은 만드는 것은 잠시 뒤로 미루고 발전기의 원리와 사용할 수 있는 재료 등에 관하여 살펴보기로 하겠다.

2.2.1 발전기의 원리

발전기는 자계 속에 구리 등의 금속 도선의 막대를 놓고, 외력으로 그 막대를 돌리면 도선에 전압이 발생한다는 플레밍의 오른손 법칙의 원리를 이용하고 있다. 예를 들면 그림 2.10과 같이 자계 안에서 전기자 코일을 회전시켜 슬립링을 거쳐 끌어내면 극수의 수를 p, 회전수를 n rpm, 주파수를 f Hz로 할 때 $f = np/120$의 교류를 얻을 수 있다. 반대로 전기자코일에 전류를 흘리면 모터로 회전시킬 수 있다.

실제 발전기에서는 그림 2.11과 같이 마그넷이 회전하도록 되어 있다. 자기회로와 코일을 배치하여 마그넷을 회전시킴으로써 권선에 기전력이 발생한다. 따라서 슬립링이 필요 없어 구조적으로 심플하다.

위와 같은 발전기의 원리를 효율적으로 구현하기 위해서는 그 구조를 여러 가지로 생각할 수 있으며, 일반적으로는 그림 2.12와 같은 구성으로 한다. 그림 (a)와 같이 마그넷이 회전하고, 바깥쪽 고

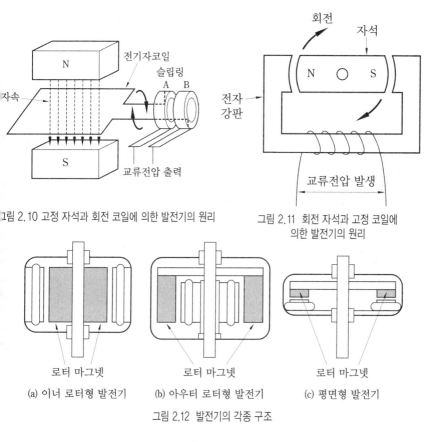

그림 2.10 고정 자석과 회전 코일에 의한 발전기의 원리

그림 2.11 회전 자석과 고정 코일에
의한 발전기의 원리

(a) 이너 로터형 발전기   (b) 아우터 로터형 발전기   (c) 평면형 발전기

그림 2.12 발전기의 각종 구조

정극 코어에 코일이 감기는 이너 로터형과 그림 (b)처럼 바깥쪽을
로터 마그넷으로 하고, 내부에 고정극을 마련하는 아우터 로터형,
그리고 그림 (c)와 같은 평면상으로 로터 마그넷과 고정극을 배치
한 평면형 등을 생각할 수 있다.

자동차의 교류 발전기는 이너 로터형이지만 마그넷 부분에 로터
코일이 감겨 있다. 이 로터 코일의 여자전류를 제어하여 계자의 세
기를 가변함으로써 출력전압을 조정하는 구조이다. 이때문에 회전

하는 로터 코일에 여자전류를 흘리기 위한 슬립링이 사용된다.

한편 자전거용 발전기는 아우터 로터형이 사용되고 있으며 매우 간단한 구조이다. 또 평면형은 AV 기기나 플로피 디스크 등의 코어 레스 로터에 사용되고 있을 뿐 발전기에서는 별로 채용되지 않는다.

이처럼 발전기는 마그넷, 코어, 코일로 구성되지만 핵심 부품은 역시 특수 형상의 마그넷과 코어에 사용하는 전자강판이라 할 수 있다. 위에서 설명한 어떠한 구조의 발전기든 특수 형상의 마그넷과 전자강판이 필수적이다. 비교적 쉽게 부품들을 구입할 수 있으므로 개인 차원에서 제작하기 쉬운 발전기의 구조는 평면형이라 할 수 있다. 그 이유는, 평면형은 만곡 부분이 비교적 적고 재료를 가공하기 쉽 기 때문이다.

2.2.2 마그넷(영구자석)

마그넷은 페라이트(ferrite)자석, 알니코(alnico)자석, 희토류 자석(네오디뮴, 사마륨, 코발트) 등이 있으며, 일반적으로는 가격이 싼 페라이트 자석이 많이 사용되고 있다.

한편, 희토류 자석은 네오디뮴(neodymium)자석과 사마륨(samarium) 코발트(cobalt)자석으로 나누어진다. 네오디뮴 자석은 네오디뮴(Nd)·철(Fe)·붕소(B)를 주성분으로 하는 성형 소결품으로, 현재 상품화된 제품 중에는 세계 최강이라 할 수 있는 강력한 자기장을 만들어낸다.

(1) 페라이트 자석(ferrite magnet)

이것은 분말야금법에 의한 소결품으로, 최대 에너지 곱은 크지 않지만 전자기 특성이 안정되어 있다. 이 자석은 소결자석(세라믹·

마그넷)이므로 내식성이 뛰어나고 평면적인 형상에 적합하지만, 반면 갈라지기 쉬운 결점이 있다. 또 보자력(保磁力)이 높으므로 감자(減磁)가 없다. 용도는 오디오용 스피커와 헤드폰 외에 최근에는 기술혁신에 의한 경량화(종전의 2분의 1에서 3분의 1)로 자동차의 모터용·발전기용으로 수요를 넓혀 나가고 있다. 원료가 되는 산화제2철이 풍부하게 존재하므로 현재의 자석 중에서는 값이 저렴하여 가장 많이 이용되고 있다.

(2) 알니코 자석(alnico magnet)

주조하여 만들어지므로 특히 온도에 대한 특성이 우수하다. 정밀·정확성의 안정이 요구되는 경우에 많이 사용되고 있다. 어린 학생 때 과학실험에서 쓰거나 모래를 모아놓고 사철(沙鐵)을 골라내기도 했던 그 자석이 바로 알니코 자석이다. 주조로 만든 것이므로 복잡한 형상의 것도 주조 가능한 경우가 많고, 후에 연마 기공하여 치수 정밀도를 유지한다.

(3) 네오디뮴 자석(neodymium magnet)

이 자석은 매우 우수한 최대 에너지곱을 가지며, 현재 존재하는 자석 중에서 최고라 할 수 있다. 그러나 온도 환경에 약간 약한 단점이 있으며, 일반적으로 80℃ 이하에서만 사용된다. 최근의 소재는 120~150℃ 이상에서도 사용할 수 있는 것이 생산되었다고 한다.

용도에 따라 형상은 둥근형, 각형, 링형 등으로 쉽게 가공할 수 있다. 기계적 강도는 우수하지만 녹슬기 쉬운 결점이 있기 때문에 표면은 니켈 도금으로 가공된다.

표 2.1 각종 자석의 특성

종 류	자력	내열	강도	가격
페라이트 자석	△	○	△	◎
알니코 자석	○	◎	○	△
네오디뮴계 희토류 자석	◎	△	○	○
사마륨·코발트계 희토류 자석	◎	○	△	△

(4) 사마륨·코발트 자석(samarium·cobalt magnet)

사마륨·코발트(SmCo)를 주성분으로 하는 성형 소결품으로, 네오디뮴계 자석 다음으로 우수한 특성을 가지고 있다. 녹과 고온에 강한 것이 장점이지만 갈라지기 쉬운 결점이 있다. 네오디뮴과 마찬가지로 소형화, 경량화에 적합한 재료이다.

(5) 각종 영구자석의 전자기 특성

표 2.1은 지금까지 소개한 자석의 특성을 알기 쉽게 정리한 것으로, 희토류인 네오디뮴 자석은 내열 성능에 약간 문제가 있지만 자력(磁力)이 가장 강력하여 발전기 제작에는 적합하다.

표 2.2는 자석 메이커의 카달로그에 소개된 표준품의 전자기 특성의 예이다. 네오디뮴 자석의 최대 에너지곱 BH_{max}는 페라이트 자석의 약 10배나 되므로 얼마나 강력한지 짐작할 수 있다. 때문에 주의해서 다루어야 한다. 일단 자성체에 흡착되면 떼어내기 힘들기 때문에 철제품과는 가까이하지 않는 것이 좋다.

표 2.2 각종 자석의 자기특성 예

종 류	잔류자속 밀도 B_r		보자력 H_{cB}		고유 보자력 B_{cI}		최대 에너지곱 $BH(\max)$		큐리 온도	B_r의 온도계 수	코일 투자 율 μ rec
단 위	SI	CGS	SI	CGS	SI	CGS	SI	CGS	[℃]	[%/℃]	-
	[T]	[kG]	[kA/ m]	[kOe]	[kA/ m]	[kOe]	[kJ/ m³]	[MGOe]			
페라이트	0.40	4.0	247	3.1	255	3.2	29	3.6	460	-0.18	1.1
알니코	1.25	12.5	52	0.65	52	0.65	42	5.3	850	-0.02	4.0
네오디뮴	1.22	12.2	923	11.6	955	12.0	287	36.0	310	-0.11	1.05
사마륨·코발트	0.98	9.8	716	9.0	796	10.0	191	24.0	820	-0.03	1.03

2.2.3 전자기 회로용 전자강판

마그넷의 기자력에 의해서 철심 및 갭으로 막힌 영역에는 자속이 발생하고 있으며, 이와 같은 자석이 통하는 길을 전자기 회로라고 한다. 전자기 회로에 축적되는 에너지는 마그넷의 기전력과 그 기자력에 의해서 발생하는 자속의 곱에 비례한다. 따라서 축적 에너지를 가급적 크게 하기 위해서는 전자기 회로를 구성하는 재료는 자화하기 쉬운 재료를 사용해야 한다. 이러한 목적에 사용되는 재료를 연질 자성재료라고 하며, 트랜스와 모터 또는 발전기의 전자기회로에 많이 사용되고 있다. 이와는 반대로 마그넷처럼 기자력 발생만을 목적으로 하는 자성재료는 경질 자성재료라고 한다.

전자기 회로를 구성하는 연질 자성재료는 가급적 자화하기 쉽고 보자력(coercive force)이 작은 것이 필요하다. 즉, 쉽게 자화되지만 그 자화가 쉽게 소실되는 것이 중요하므로 연강, 주철, 규소강 등이 사용된다. 변압기 등에서 사용하는 전자강판은 규소강을 판상으로 만든 규소강판으로, 가장 대표적인 연질 자성재료라 할 수 있다.

(1) 전자강판 (규소강판)

규소강판에는 최고 3.5%의 Si(실리콘)이 첨가되어 있다. 이 Si의
함유량을 증가하면 전자기 특성이 향상되고 약 6.5%일 때 가장 우
수한 연자기 특성을 얻을 수 있다. 하지만 Si이 3.5% 이상이면 강
철이 취약성을 나타내기 때문에 얇은 판을 제조하기 어렵다. 때문
에 각 강철 메이커들은 독자적으로 Si 첨가량을 6.5%에 근접시키
는 기술을 개발하여 연질 자성 코어 재료를 생산하고 있다.

표 2.3 네오디뮴 자석의 각종 형상과 특성

모 양	코드 NO.	사이즈(mm)	표면자밀속도 (T)	표면자밀속도 (G)
	NE001	φ8×3	0.32	3200
	NE002	φ12×3	0.3	3000
	NE003	φ4×2	0.3	3000
	NE004	φ5×3	0.32	3200
	NE005	φ10×2	0.28	2800
	NE006	φ20×3	0.28	2800
	NE007	φ10×5	0.34	3400
	NE008	φ14×4	0.32	3200
	NE009	φ25×5	0.34	3400
	NE010	φ19×10	0.43	4300
	NE011	φ30×15	0.42	4200
	NE012	φ50×10	0.38	3800
	NE013	φ40×10	0.38	3800
	NE014	φ15×1.5	0.25	2500
	NE015	φ15×5	0.32	3200
	NE017	φ10×10	0.43	4300
	NK001	50.8×50.8×12.7 (12.7mm방향에 착자)	0.38	3800
	NK003	15×10×5 (5mm방향에 착자)	0.30	3000
	NK004	20×10×5 (5mm방향에 착자)	0.30	3000
	NK005	20×20×10 (10mm방향에 착자)	0.35	3500
	NK006	25.4×25.4×12.7 (12.7mm방향에 착자)	0.40	4000

변압기나 발전기의 전자기 회로에서는 자화력의 N과 S가 교번하는데, 이 자속의 변화에 의해서 전기 도체인 자성재료 안에 기전력을 발생시켜 와전류(eddy current)를 흘린다. 이 전류에 의한 전력 손실을 와전류 손실이라 하며, 이 손실이 크면 자성재료가 열을 가지게 된다. 변압기와 모터 등에서 N극과 S극이 교번하는 전자기 회로에는 판상의 자성재료가 사용되는데, 그것은 바로 이 와전류의 흐름을 어렵게 하기 위해서이다.

(2) 방향성 전자 강대 (orient core)

발전기를 손수 제작하는 경우, 이 전자기 회로를 구성하기 위해 특수 형상의 전자 강판이 필요하지만 재료를 확보하기가 쉽지 않다. 용도 폐기된 헌 변압기를 구입하여 강판만을 활용하는 방안도 고려할 수 있겠지만 적당한 형상의 강판이 있을 리 없고 가공하는 것도 쉽지 않다.

그림 2.13 방향성 전자 강대

오디오 기기의 저손실 트랜스로 사용되고 있는 전자기 코어로 방향성 전자 강대라는 것이 있다. 이 강대는 5~20 mm 너비의 테이프상 자기 강판인데, 비교적 가공하기 쉽다(그림 2.13).

2.2.4 기타 재료

발전기를 손수 제작하기 위한 부품으로는 스테인리스 축봉(ϕ8~17mm), 베어링(그림 2.14), 구조물의 광체용 알루미늄재 등이 필요하다. 구조물용 광체는 5mm의 알루미늄 판을 잘라서 쓰면 된다.

그림 2.14 각종 베어링

2.3 발전기에 요구되는 발전 특성

2.3.1 회전수와 발전 특성

일반적으로 발전기는 회전수가 높을수록 출력이 크고 효율도 향상되므로 풍력발전기의 경우 블레이드를 고속으로 회전시키는 것이 유효하다. 그러나 블레이드의 회전수에는 여러 가지 제약이 따르므로 고속 회전에도 한계가 있다. 또 블레이드가 크면 이론출력은 늘어나지만 회전수는 떨어진다. 따라서 풍력발전기에 요구되는 발전 특성은 블레이드의 크기에 따라 크게 좌우된다. 설계 순서로는, 요구되는 출력 전력에 따라 블레이드의 크기가 결정되고, 블레이드의 크기가 결정되면 회전수가 정해져, 발전기에 요구되는 성능이 결정된다.

블레이드의 회전수를 제한하는 요인은, 블레이드 최선단의 속도가 커지는 데 따른 항력의 증가, 원심력 증가에 따른 기구적인 강도, 부유물과의 충돌로 인한 고장, 바람을 가르는 소음의 증가 등을 생각할 수 있다.

블레이드의 선단 속도와 풍속의 비율을 주속비 λ로 나타낸다는 것은 이미 제1장에서 기술한 바 있다. 보통 블레이드 최선단의 주속비는 고속형 블레이드의 경우 5~10이 된다. 예를 들면, 풍력발전기의 최대 정격풍속을 12 m/s로 하면 주속비를 10으로 선정했을 때 블레이드 선단 속도는 120 m/s로 되어 음속의 약 3분의 1에 이르게 된다. 즉, 전술한 바와 같이 항력 증가와 원심력에 대한 강도와

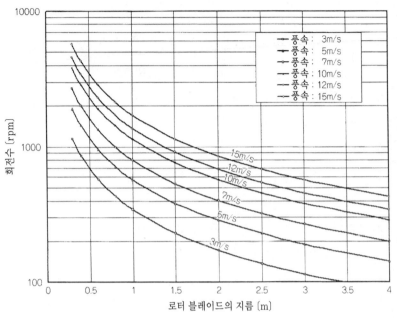

그림 2.15 주속비 6에서의 블레이드 지름과 회전수의 관계

소음 등의 문제가 발생하게 된다.

한편, 블레이드 선단 속도와 회전수의 관계는 다음 식으로 나타 낸다.

$$V_B = \frac{\pi r n}{30} \quad \cdots\cdots\cdots\cdots\cdots\cdots\cdots\cdots\cdots\cdots\cdots\cdots\cdots\cdots\cdots\cdots\cdots (2.1)$$

여기서 V_B는 블레이드 선단 속도 [m/s], n는 블레이드의 회전수 [rpm], r는 블레이드의 반지름 [m] 이다. 지금 주속비를 6이라 가 정하여 위의 식에서 블레이드 지름과 회전수의 관계를 도시하면 그 림 2.15처럼 된다. 예를 들면, 블레이드 지름이 1 m인 경우, 풍속이 10 m/s이면 블레이드축 회전수는 약 1146 rpm이 된다. 그러나 블레이드 지름을 2배인 2 m로 하면 회전수도 2분의 1인 약 573 rpm 회전하게 된다.

물론 풍속발전의 출력은 블레이드 지름의 제곱에 비례하므로 블레이드의 지름을 2배로 하면 4배의 출력을 얻게 되지만 회전수는 2분의 1로 감소하게 된다. 따라서 발전기를 바꾸지 않고 무리하게 블레이드의 지름만을 크게 해도 출력은 증가시킬 수 없다. 이미 발전기가 결정된 경우라면 발전기의 성능에 맞추어 블레이드의 지름을 결정하는 것이 현명하다.

2.3.2 풍속 및 블레이드 지름과 회전수, 발전기 출력관계

풍속이 6 m/s, 12 m/s일 때 블레이드 지름과 회전수, 발전기 출력 관계는 표 2.4와 같이 된다.

즉, 블레이드 지름이 80cm라면 풍속 12 m/s일 때 2000 rpm으로 출력 150 W가, 또 풍속 6 m/s일 때 850 rpm으로 적어도 출력 20 W를 각각 얻을 수 있는 발전기가 필요하다. 반대로 800 rpm으로 1 kW를 얻을 수 있는 발전기가 있다면 지름 2 m의 블레이드까지 사용할 수 있을 것이다.

이번 발전기를 제작하는 과정에서는 블레이드 지름이 1.0~1.5 m 정도로 200~300W 정도를 목표로 하였다. 따라서 발전기의 출력특성으로는 1000 rpm으로 200~300 W 이상의 출력을 목표로 하였다.

표 2.4 블레이드 지름과 회전수

브레이드 지름 [cm]	평균 풍속 6 [m]		최대 풍속 12 [m]	
	회전수[rpm]	발전기 출력[W]	회전수[rpm]	발전기 출력[W]
0.4	1700	5	4000	40
0.6	1200	11	2670	85
0.8	850	20	2000	150
1	680	30	1600	250
2	340	125	800	1000
3	230	270	160	2200

2.4 실험적으로 제작한 발전기

발전기를 구성하는 주요 부품은 마그넷과 전자 강대이고, 이 부품을 가공하여 발전기를 직접 제작하는 경우 다음과 같은 형상으로 만드는 것이 좋을 것으로 생각된다.

2.4.1 형상과 구조

발전기에 필요한 마그넷은 자속밀도가 가장 큰 네오디뮴 자석이 가장 적합하고, 가장 합당한 형상은 전술한 바와 같이 원통형이다. 원통형 마그넷의 표준품을 이용할 수 있다면 저렴한 가격으로 구입할 수 있을 뿐만 아니라 가공도 용이하다.

또 띠 모양의 전자 강대를 코어로 이용하는 경우, 발전기의 구조는 제한을 받는다. 그림 2.16은 실험적으로 검토한 발전기의 구조이다.

(1) 코깅이 적은 발전기

그림 2.16과 같이 평면형 발전기로 정한 다음, 원반형 로터 부분에 원통형 네오디뮴 자석을 매입하고, 고정극 쪽은 전자 강대를 가공하여 코일을 감는 방법으로 제작했다. 발전기 출력을 3상화하여, 코깅을 없애기 위해 마그넷 쪽을 8극으로 하고, 코일쪽은 9극으로 하였다.

마그넷과 전자기 회로의 구조는 그림 2.17 (a)와 같이 로터 쪽에 네오디뮴 자석을 배치하고 고정극 쪽은 전자 강대에 각상(角狀)으로 절단한 전자강을 에폭시계의 강력 접착제로 접착한 다음, 거기

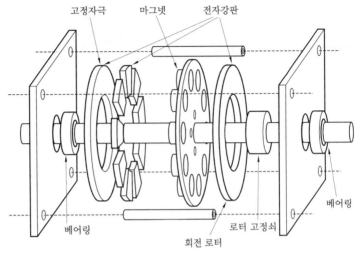

그림 2.16 실험 제작한 발전기 구조

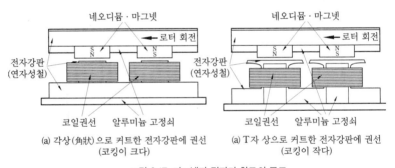

(a) 각상(角狀)으로 커트한 전자강판에 권선 (코깅이 크다)

(a) T자 상으로 커트한 전자강판에 권선 (코킹이 작다)

그림 2.17 마그넷과 전자기 회로의 구조

에 코일을 감도록 하였다. 그러나 막상 만들어 놓고 보니 코깅이 엄청나게 크기 때문에 원활하게 회전하지 않았다. 즉, 풍력발전기용으로는 실용할 수 없을 정도였다. 자석과 강판에 작용하는 흡인력이 회전 각도에 따라 난조(亂調)가 발생했기 때문에 토크가 크게 변화하여 원활하게 회전하지 않았던 것이다.

그래서 그림 2.17 (b)와 같이 고정극 쪽의 전자강을 T자상으로 하여 코깅 경감을 시도해 보았다. 그 결과 확실하게 코깅이 작아지기는 했지만 코일을 감을 수 있도록 전자강을 T자형으로 절단하여 가공하는 것이 무척 어려운 작업이어서 제작에 어려움이 많았다. 또 코일을 감는 데 있어서도 참을성 있는 작업이 필요하다. 마음 먹은 대로 잘 만들어진 것은 아니지만 시험 제작한 세트가 그림 2.18이다.

실험 제작한 이 발전기는 당초 계획한 대로 코깅은 상당히 경감되었지만 아직 완전하다고는 표현할 수 없고, 전기적 특성을 테스트한 결과 약 200~300W급의 발전이 가능하다는 것을 확인했다.

코깅의 원인은 네오디뮴 자석의 흡인력이 매우 크기 때문에 고정극 쪽의 전자강과 마그넷에 접촉하는 부분에 미소한 요철이 있기 때문에 그 부분에 끌려 당겨지기 때문이다. 따라서 고정극 쪽 전자강에 요철이 없도록 래핑 처리 등을 하면 코깅을 감소시킬 수 있을 것으로 생각된다. 하지만 이 발전기의 구조는 그림에서 보듯이 고정극쪽의 T자형 전자강을 제작하기가 쉽지 않다.

(2) 코어레스 구조의 제작

다음에 생각한 것이 그림 2.19와 같이 고정극 쪽에 권선 스페이스를 얻기 위한 돌기를 만들지 않고 코일을 편평상으로 감아 배치하는 소위 코어레스로 하는 방법이다. T자형 전자기 회로를 제거한 셈이다. 이와 같이 하면 전자 강대에는 요철이 없으므로 코깅 문제는 전혀 생각할 필요가 없다.

이 방법의 결점은 코일을 감는 공간이 좁은 점이다. 코일의 두께

(a) 구성 부품

(b) 조립된 모습

그림 2.18 실험 제작한 첫번째 발전기

를 약 3 mm, 자석·코일 간 갭을 1 mm로 하여 시험한 결과 유감스
럽게도 스페이스가 좁기 때문에 코일의 권수에 제한이 있어 출력전
압을 충분히 취할 수 없는 문제가 발생했다. 그러나 코깅이 전무하

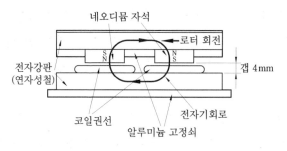

그림 2.19 실험 제작한 코어레스 구조

여 회전은 매우 원활했다.

목표로 하는 발전기는 회전수가 300 rpm이라도 최저 수 와트의 출력을 얻을 수 있고, 1000 rpm에서는 200~300 W의 출력을 얻기 위한 것이다. 그러나 유감스럽게도 이 방법으로는 목표 미달이지만 회전수를 높이면 실용화가 가능하다는 것을 확인하였다.

낮은 회전수로도 출력을 얻기 위해서는,

● 어떠한 수단으로든 증속하는 방법(증속 드라이브 방식)
● 회전 로터의 지름을 크게 하여 다극으로 하는 방법(다이렉트 드라이브 방식)

을 생각할 수 있다. 일반적으로 대형 풍력발전기는 증속하여 소정 회전수를 얻고 있지만 최근에는 여러 가지 요인으로 다이렉트 드라이브 방식이 늘어나고 있다. 특히 소형 풍력발전기의 경우는 태반이 다이렉트 드라이브 방식이 사용되고 있다.

(3) 증속장치

발전기를 직접 제작하는 경우 로터를 크게 하는 것은 공작이 어려울 뿐만 아니라 중량이 무거워지고 강도적으로도 문제가 많기 때문에 최초의 제작물은 타력으로 증속을 시도하는 것을 생각할 수 있다.

회전수 증속에는 기어, 체인, 벨트 등 여러 가지 방법을 고려할 수 있다. 표 2.5는 그 득실을 제시한 것으로, 기어가 가장 효율이 좋고 내구성과 신뢰성도 높다.

대형 풍차의 경우에는 일반적으로 기어의 조합에 의한 증속이 사용되고 있다. 정비도 비교적 쉬운 편이지만 소형 풍차의 경우에는 시스템 중량이 약간 늘어나고 효율이 약간 떨어지며 소음이 큰 것이 문제이다. 다행스럽게도 최근에는 범용품의 기어를 비교적 저렴한 가격으로 구입할 수 있으므로 그것을 이용한다면 약 3배로 증속할 수도 있을 것이다.

기어에는 모듈이라는 단위가 사용되고 있다. 모듈 1의 60이와 20이를 조합하여 3:1의 증속기를 만들면 블레이드 풍차의 회전수가 300 rpm일 때 발전기가 900 rpm으로 구동되도록 하면 상당한 출력을 기대할 수 있다.

표 2.5 각종 증속방식의 특징

항목 \ 방식	기어식	체인식	V벨트식
동력전달능력	크다	약간 크다	중
전달효율	양호	약간 양호	중
완충능력	없다	없다	있다
사이즈	소	중	크다
소음	중	크다	작다
수명	길다	약간 길다	짧다
보수	쉽다	쉽다	벨트 교환이 필요
신뢰성	크다	약간 크다	중
외형	작다	약간 크다	크다
가격	약간 고가	약간 고가	저렴
종합평가	◎	○	△

2.4.2 기어 증속형 발전기 제작

전술한 바와 같은 과정을 밟아 실용 가능한 수준까지의 발전기를 처음 제작한 것이 그림 2.20과 같은 발전기이다. 구조는 전자강판과 네오디뮴 자석 사이에 코일을 배치했을 뿐인 매우 심플한 구조이고, 낮은 회전수로도 발전할 수 있도록 기어에 의해서 3배로 증속하였다. 회전 로터를 받치는 전체 프레임 틀로는 두께 5 mm의 알루미늄 판을 사용하고, 기어부와 발전기부를 분리한 구조로 하였다.

로터 치수는 그림 2.21과 같이 ϕ95 mm로 하고 5 mm 두께의 로터 틀에 ϕ19×10 mm의 원통형 마그넷을 10개 매입했다. 그리고 마그넷 뒷면에는 5mm 폭의 소용돌이상 전자 강대를 배치하여 전자기 회로를 구성했다. 이 부분은 자속 변화가 없으므로 연자성 강으

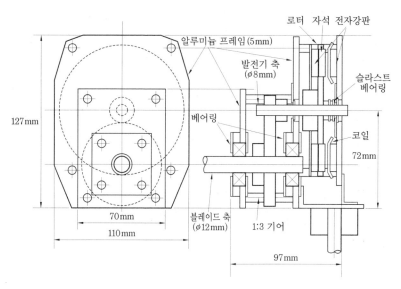

그림 2. 20 실험 제작한 기어 증속형 발전기 구조

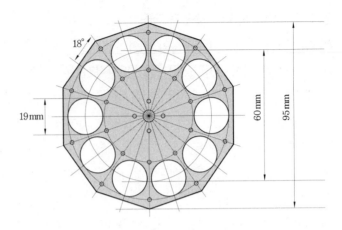

그림 2. 21 마그넷·로터의 치수

로도 충분하지만 구하기 어려웠고 가공도 쉽지 않았기 때문에 전자 강대를 사용하였고, 이 이후에 제작한 발전기에는 3.2~4.5mm 두께의 연철을 사용하였다. 고정극 쪽의 10mm 폭 전자 강대는 5mm 두께의 알루미늄 프레임에 강력한 에폭시계 접착제로 고정했다.

자석이 강력하기 때문에 상당한 흡인력이 있다. 따라서 발전기 축의 로터와 고정자극 사이에는 슬라스트 베어링을 사용하였다. 또 발전기 쪽 축 지름은 그다지 큰 힘이 가해지지 않으므로 ϕ8mm의 스테인리스 봉을 사용하고, 풍차 블레이드 쪽은 풍차가 회전하고 있을 때 방향이 변화하는 경우 상당한 하중이 걸리므로 축 지름을 ϕ12mm의 스테인리스로 하였다. 제작 순서와 포인트는 다음과 같다.

(1) 재료 수집

먼저 제작에 필요한 재료를 수집해야 한다 (표 2.5 참조). 표에 제시된 재료들은 1대분이지만 알루미늄 판과 코어, 폴리우레탄 선 등은 많이 구입해 두는 것이 좋다.

이들 부품 중에서 마그넷과 코어는 구하기가 쉽지 않다.

(2) 로터부의 제작

먼저 로터부를 제작한다. 로터는 5 mm 두께와 2 mm 두께의 알루미늄 판을 둥근 모양(8각형)으로 절단한 다음 알루미늄 판 2장 사이에 코어를 끼워 넣는 형태로 구성한다.

표 2.6 기어 증속형 발전기의 부품표

품 명	규격 및 시방	수 량	비 고
자석	$f\,19 \times 10\,mm$	10 개	
코아 (방향성 전자 강대)	5 mm 폭	약 1 kg	
	10 mm 폭	약 1 kg	
알루미늄 판	$300 \times 200 \times 5\,mm$	1장	
	$300 \times 200 \times 2\,mm$	1장	
	$300 \times 200 \times 1\,mm$	1장	
스테인리스 봉	$f\,8 \times 100\,mm$	1 개	
	$f\,12 \times 10\,mm$	1 개	
베어링	내경 $f\,8 \times$ 외경 $f\,16 \times$ 폭 5mm	2 개	
	내경 $f\,12 \times$ 외경 $f\,32 \times$ 폭 10mm	2 개	
슬라스트 베어링	내경 $f\,8 \times$ 외경 $f\,14 \times$ 폭 5mm	1 개	
기어	20이, 모듈 1	1 개	
	60이, 모듈 1	1 개	
로터 고정용 쇠	이소멕 부싱	1 개	
폴리우레탄 선	UEW, $f\,0.5\,mm$	1 kg	
볼트, 너트	$M4 \times 35\,mm$	8 개	틀고정용
나사	M3 및 M4 피스와 너트 각종	적당량	

그림 2.22는 완성된 로터의 겉모습이다.

알루미늄 판에 절단하는 부분과 구멍을 내는 부분을 철필로 정확하게 그린 다음, 먼저 줄톱(band saw)로 로터 부분을 절단한다. 물론 구멍을 내는 부분에는 펀치로 쳐서 정밀도를 높이도록 한다.

구멍은 마그넷용의 ϕ19 mm 구멍을 드릴링 머신으로 10개 낸다. ϕ19 mm의 드릴이 없는 경우는 ϕ20 mm의 원통톱(hole saw)을 써서 구멍을 내고 틈새에 0.5 mm 두께의 알루미늄 판을 끼워 넣어도 된다.

필요한 구멍을 낸 다음에는 마그넷과 같은 폭으로 감은 코어를 5 mm 판과 2 mm 판 사이에 끼워 넣고 나사로 고정한다.

로터축에 대한 고정은 축과 로터가 정확하게 직각이 되어야 하며 그렇지 않으면 회전 때 원반이 떨리게 된다. 또 네오디뮴 자석의 흡착력은 매우 강력하므로 일단 고정하면 마그넷만을 분리하는 것이 어렵기 때문에 발전기가 완성되기까지 장착하지 않고 그냥 둔다.

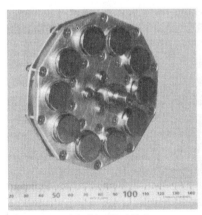

(a) 네오디뮴 자석면

(b) 측면에서 본 모습

그림 2.22 완성된 마그넷·로터의 겉모습

(3) 발전기부와 기어부를 장착하는 프레임을 제작

다음은 발전기부와 기어부를 장착하는 프레임을 제작한다. 그림 2.20에 제시한 형상에 맞추어서 5 mm 두께의 알루미늄 판을 절단하여 만든다. 이 판에는 마그넷·로터의 축과 기어와 외부에 블레이드를 장착하는 주축을 고정하는 베어링을 장착하므로 정밀도가 요구된다.

3장의 블레이드 틀에 정확하게 구멍을 뚫기 위해 대응하는 두 장의 알루미늄 판을 겹친 다음 사전에 위치 결정용 구멍을 내어 나사로 고정한 후에 프레임을 고정하는 나사 구멍과 베어링 구멍을 낸다. 이렇게 하면 대응하는 두 장의 축 구멍이 어긋나지 않고 또 로터 회전면에 경사를 가지는 일도 없이 정확을 기할 수 있다.

(4) 기타 부품의 제작

이것으로 기본이 되는 부품은 어느 정도 완성된 셈이다. 이 밖에 베어링을 고정하기 위한 고정쇠와 축 위치 결정용 부품 등 소품을 제작한다. 또 프레임 축의 베어링은 안지름 $\phi 12$ mm×바깥지름 $\phi 32$ mm×폭 10 mm를 사용하되 5 mm 두께의 알루미늄 판에서 삐어져 나오는 부분은 5 mm 두께의 베크라이트 판을 사용한다.

(5) 고정 자극이 되는 전자 강대를 프레임에 고정

다음에 고정 자극이 되는 10 mm 폭의 전자 강대(코어)를 안지름 40 mm로, 약 2 cm 폭으로 감은 후에 프레임에 접착제를 사용하여 고정한다. 원래는 나사로 단단하게 고정시키는 것이 좋겠지만 전자 강대에 옆 구멍을 뚫는 것이 어렵기 때문에 가급적 강력한 접착제로 고정하는 것이 좋다.

사용한 접착제는 에폭시계(한츠만 아드반스트 마테리얼사 제품)를 사용하는 것이 좋고, 이때 알루미늄 판 쪽의 접착성을 강화하기 위해 거친 샌드 페이퍼로 알루미늄 판 표면에 적당한 상처를 내어 요철을 증가시킨 후에 접착제를 발라 고정하는 것이 좋다. 이렇게 하면 알루미늄 판의 접착성이 강화되어 접착력을 증강시킬 수 있다.

(6) 권선 코일의 제작

권선은 $\phi 0.5\,\text{mm}$의 폴리우레탄 선을 사용하여 편평하게 110회 감아 전자강판 위에 붙인다. 마그넷과 전자강판 간격은 $4\,\text{mm}$로 했으므로 코일의 두께는 $3\,\text{mm}$ 정도로 할 필요가 있다.

이처럼 얇은 편평상의 코일을 맨손으로 감기는 어렵기 때문에 그림 2.23과 같은 간단한 권선 기구를 만들어 쓰는 것이 좋겠다. 마그넷 쪽은 후레트로 하고 전자 강대 쪽은 자기 강대의 형상에 맞춘 권선틀을 $5\,\text{mm}$ 두께의 아크릴 판으로 제작하여 중앙에 $3\,\text{mm}$ 두께의 △상 철판을 배치한다.

이 권선 기구로 코일에 필요한 소정 횟수를 감은 후에 틀에서 코일을 벗겨낸다. 벗겨내기 전에 코일의 형상이 그대로 유지되도록 주변부를 순간 접착제로 잘 접착시킨다. 그러지 않으면 권선틀에서 벗겨냈을 때 코일의 형상이 흐트러져 소정의 두께를 유지하지 못하게 된다. 그림 2.24는 이 권선 기구로 제작한 코일의 모습이다.

이 코일을 6개 만들어 그림 2.25와 같이 배열한다. 먼저 코일 6개를 전자 강대 위에 배치한 다음, 6개가 균형있게 배열된 것을 확인한 뒤에 에폭시계 접착제를 사용하여 고정시킨다. 이때 코일의 두

그림 2. 23 손수 제작할 수 있는 간단한 권선 기구

께는 전자 강대면에서 적어도 3.5 mm 이내가 되도록 할 필요가 있다.

코일은 그림 2.26과 같이 10개의 마그넷에 대하여 6개를 배열한다. 6개의 원반상 코일 중에서 상대하는 2개가 짝이 되어 3상 중의 한 상의 출력이 된다. 이와 같이 배치함으로써 마그넷의 회전을 따라 최대 출력전압이 3개 권선에 순차 발생하여 3상 전력을 얻게 된다.

그림 2. 24 간이 권선 기구로 감은 코일

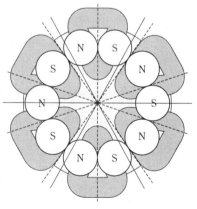

그림 2. 25 코일의 배치

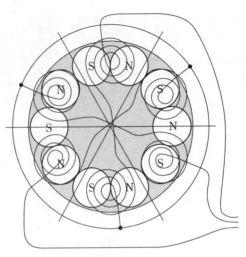

그림 2.26 코일의 접속도

(7) 조립

이것으로 발전기 기본 부분의 부품 제작은 끝났다. 그림 2.27은 실험 제작한 주요 부품들의 모습이다.

드디어 조립이다. 발전기부와 기어부를 장착하는 프레임은 M4× 35 mm의 6각 너트를 사용한다. 또 로터를 프레임의 베어링에 조립할 때에는 마그넷의 강력한 흡인력이 작용하므로 때로는 다치는 경우도 있다. 따라서 세심한 주의가 필요하다.

마그넷의 흡력 때문에 일단 결합하면 떼어내기 어렵다. 그러므로 로터 축을 나사로 밀어 넣는 간단한 기구를 만드는 것도 좋다.

축에는 슬라스트 베어링을 사용하여 마그넷의 흡인력을 흡수하지만 마그넷과 전자 강대의 간격을 정확하게 4mm로 하기 위해 축에는 스페이서를 넣어서 격간을 조정할 필요가 있다.

제작한 다음 바로 출력단자를 오픈하여 손으로 돌려보면 원활하

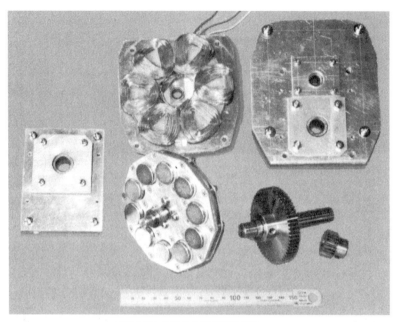

그림 2.27 기어 증속형 발전기 부품

그림 2.28 완성된 기어 증속형 발전기

게 돌지만, 출력단자를 쇼트하면 느리게 돌기는 하지만 매우 무거워
지는 것을 알 수 있다.

이 후에 제작한 발전기를 여러 모로 테스트하는 사이에 기어 소
리가 예상 외에 큰 것이 신경 쓰여, 기어부를 2.5 mm 두께의 알루
미늄 판으로 덮은 결과 기어 소리를 약간은 감소시킬 수 있었지만,
본체 전체가 기어의 진동으로 지주 등에 전달되기 때문에 기대한
만큼의 효과는 거두지 못했다. 그림 2.28은 완성된 발전기의 겉모
습이다.

(8) 성능 측정

완성된 발전기의 성능을 측정한 결과 그림 2.29 및 그림 2.30과
같은 특성을 얻었다. 그림의 회전수는 프로펠러 샤프트 축에 대한
것이다. 그림과 같이 회전수가 300 rpm에서는 출력전압이 약 12 V
에서 약 40 W의 출력이, 1000 rpm이 되면 출력전압이 60 V 이상
에서 200 W 이상의 출력전력을 얻을 수 있는 것을 알았다.

블레이드 지름을 1.2m로 하면 풍속이 10m/s일 때 이론적으로
는 200 W의 출력을 얻을 수 있고, 이때의 주속비를 6~7로 하면 회
전수는 약 1000 rpm이 되므로 발전기로서는 더할 나위 없는 특성
이라 할 수 있다.

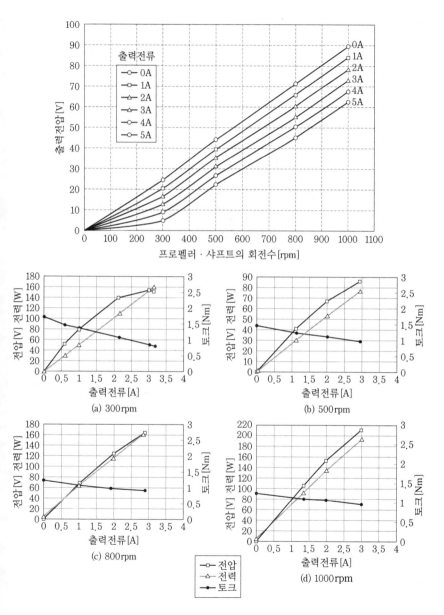

그림 2.30   기어 종속형 발전기의 특성(회전수마다의 출력전류 대 출력전압, 출력전력)

그림 2.31 가동 중인 기어 증속형 풍력발전기의 모습

2.5 3상교류발전기의 장점

2.5.1 교류발전기
(1) 단상교류발전기

그림 2.32 (a)는 단상교류발전기로, 코일 양단은 회전축이 있는 2개의 접촉전극(슬립링)에 접속되어 있다. 각 슬립링에는 브러시가 있고, 이것을 통하여 출력전류를 끌어내고 있다. 코일 도체에 발생하는 전압의 크기는 자계의 세기와 방향에 직각 방향으로 도선이 이동하는 속도에 비례한다. 발전기 코일은 자계 안에서 원운동을 하므로 자계에 대한 도선의 직각 방향의 이동은 그림의 상하 방향의 이동이 된다. 그 크기는 코일이 수직일 때에 0이고 수평일 때가 최대가 된다. 따라서 그 출력전압은 그림과 같이 단상 정현파가 얻어진다.

직류발전기의 경우는 도선에 발생한 전기를 회전축에 설치한 정류자에 의해서 반회전마다 전기가 흐르는 방향을 전환했지만 교류발전기에서는 발생한 전기를 그대로 끌어낸다.

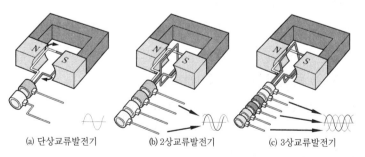

(a) 단상교류발전기   (b) 2상교류발전기   (c) 3상교류발전기

그림 2.32 교류발전기의 원리적인 구조

(2) 2상 및 3상교류발전기

그림 2.32 (b)는 2상교류발전기이고 그림 (c)는 3상교류발전기의 원리도이다. 2상 교류발전기는 도선 코일을 직각으로 2회로 배치한 것이다. 2조의 코일은 다른 각도(이 경우는 90°)로 배치되어 있으므로 주파수는 같지만 위상이 다른(이 경우는 90°) 전압이 발생하게 된다.

그림 (c)의 3상교류발전기는 3조의 코일을 120° 각도로 배치한다. 이와 같이 하면 주파수는 같지만 위상이 120° 다른 전압을 발생시킬 수 있다. 이 3상교류발전기의 세 출력전압파의 순간 값 총합은 항상 0이 된다는 점이 3상교류발전기의 가장 중요한 특징이다. 즉, 3조의 전압 한쪽을 공통 접속하여 3가닥의 전선으로 전력을 보낼 수 있다. 원리도에서는 슬립링 6개를 사용하였지만 3개로 가능하다.

(3) 코일을 고정하여 자석을 회전시키면 슬립링과 브러시가 불필요

이제까지 교류발전기의 원리에 관하여 설명하였다. 그림 2.32에서는 코일을 회전시켜 슬립링을 거쳐 출력을 얻었지만 반대로 코일을 고정시키고 자석을 회전시키는 것이 일반적이다. 그림 2.33의 원리도처럼 하면 슬립링과 브러시가 불필요하므로 구조를 간단하게 할 수 있다.

2.5.2 풍력발전기에 적합한 3상교류발전기

(1) 3상교류발전기를 사용하는 장점

소형 풍력발전기의 발전기는 제작이 용이하고 수명이 긴 교류발전기가 적합하다. 풍력발전기는 바람이 불면 쉬지 않고 회전한다.

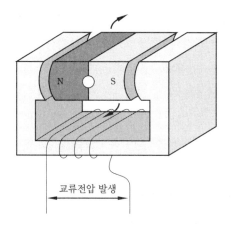

그림 2.33 자석을 회전시키는 교류발전기의 원리적인 구조

또 비바람에 노출될 뿐만 아니라 높은 타워 위에 위치하여 쉽게 손이 미치지 못하므로 수명이 매우 중요하다. 직류발전기는 정류자와 브러시가 필수적이고 구조가 복잡하다. 그리고 정류자와 브러시는 수명에 한계가 있을 뿐만 아니라 정류자와 브러시에 의해서 초기 토크가 커지는 등의 여러 가지 제약이 따르기 때문에 풍력발전기에는 적합하지 않다.

한편, 교류발전기는 단상 교류라면 구조적으로 간단하지만 그 출력을 정류한 경우의 리플이 매우 크다. 이는 순간 토크의 변동이 커지고 소음이 크게 발생하는 것이 예상된다. 이와 같은 여러 가지 이유에서 소형 풍력발전기에는 일반적으로 3상교류발전기가 사용된다.

(2) 동기발전기와 영구자석발전기

3상교류발전기에는 두 가지 종류, 즉 동기발전기(올터네이터를 포함)와 영구자석발전기(PMG)가 있다. 현재 세계 모든 나라에서 사용되고 있는 발전기는 대부분이 동기발전기(Synchronous Generator)이다. 원리적으로는 3상교류발전기와 같고, 그림 2.33과 같이 코일(고정자 코일)을 고정하고, 그 안에서 영구자석이 빙글빙글 회전한다. 이에 의해서 고정자 코일에서 전기를 이끌어낼 수 있다. 동기발전기는 이 영구자석이 전자석이 된 것이다. 전자석이므로 여자용의 코일이 필요한데, 이 코일을 여자코일(계자코일 또는 필드코일)이라고 한다. 여자코일의 전류(여자전류)를 변화시킴으로써 고정자 코일에 발생하는 전압(발전기 전압)을 바꿀 수 있다.

자동차에 사용되고 있는 올터네이터(alternator)는 원리적으로 동기발전기와 같지만 올터네이터 내부에 정류기를 내장하고 있으므로 출력단자에는 직류를 얻게 된다. 발생하는 전압은 내부의 전자회로에 의해서 여자전류(excitation current)를 제어하여 회전속도에 상관 없이 자동적으로 일정하게 되도록 제어하고 있다.

동기발전기가 좋기는 하지만, 소형 풍력발전기에 있어서 최대 결점은 무엇보다 여자코일에 전류를 흘려야만 하는 점이다. 그래서 블레이드 회전이 어느 값 이상이 되었을 때에 여자전류를 흘리도록 꾸민 풍력발전기도 있기는 하지만, 그러기 위해서는 제어회로가 필요하므로 가장 적합한 것이라고는 할 수 없다.

영구자석발전기의 출력전압과 주파수는 회전속도에 비례한다. 소형 풍력발전기는 변동하는 풍력에 대응하여 블레이드의 회전수도 변화하므로 출력전압은 늘 변화한다. 이때문에 발전한 전력을 배터리에 충전하기 위해서는 DC-DC 변환기(convertor)를 사용하여 항상 최적한 충전이 이루어지도록 제어할 필요가 있다.

2.6 자동차용 발전기의 이용

2.6.1 자동차용 발전기의 종류

자동차에서는 엔진 시동과 점화, 그리고 전장품(電裝品)의 전원으로 배터리를 사용하고 있으며, 이 배터리를 충전하기 위해 발전기를 사용하고 있다. 이 발전기로부터는 직류를 얻고 있는데, 발전기 그 자체로부터 직접 직류를 얻는 것과 교류를 얻은 다음 정류하여 직류를 획득하는 두 종류가 있다.

전자를 직류발전기(DC 다이나모)라 하고, 후자를 교류발전기(alternate 혹은 AC 다이나모)라고 한다.

10수년 전까지는 직류발전기가 사용되었지만 현재는 교류발전기가 사용되고 있다. 그러나 풍차발전에는 직류발전기가 이용하기 편리한 점도 있다. 현재도 자동차 폐차 부품점 등을 뒤지면 구할 수 있을지도 모르므로 직류발전기에 대하여서도 간단하게 설명하도록 하겠다.

2.6.2 직류발전기

직류발전기의 원리는 그림 2.34와 같다. 전기자코일이 축 A를 중심으로 화살표 방향으로 회전하면 자계의 잔류자기에 의해서 전기자코일에 기전력이 발생한다. 전기자코일은 180° 회전할 때마다 B부에서 전환되도록 만들어 두면 계자코일에도 일정 방향의 전류를 흘릴 수 있다.

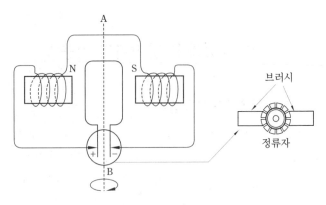

그림 2.34 직류발전기의 원리

이렇게 하여 회전을 계속하면 발생 전압이 높아진다. 이처럼 계자를 스스로 여자하는 발전기를 자려(自勵)발전기라고 한다.

B부는 전기자코일을 전환하기 위한 정류자와 브러시로 구성되어 있으며 실제로는 다수의 코일이 감겨지고, 코일의 수만큼 정류자편이 있다. 브러시는 2개로 된 것과 4개로 된 것이 많은 편이다. 전기자와 정류자의 모습은 그림 2.35와 같다.

자동차의 경우는 주행 상태에 따라 엔진 회전수가 변화하므로

그림 2.35 전기자와 정류자의 모습

발전기의 회전수도 같이 변화한다. 따라서 전압 변동이 생긴다.

지금 발생 전압을 V, 회전수를 N, 계자전류를 I_f라고 하면, 다음 식으로 나타낼 수 있다.

$V=kN \cdot I_f$　　　(k는 비례상수)

즉, 회전수가 증가하면 전압이 상승함과 동시에 자려발전기이므로 계자전류도 증가한다. 계자전류가 증가하면 전압도 상승한다.

이처럼 자려발전기에서는 어떤 회전 범위까지는 발생전압은 회전수의 제곱에 비례하게 된다. 회전수가 2배로 되어도 어떠한 방법으로든 계자전류를 1/2로 하면 전압을 일정하게 유지할 수 있다. 이 작용을 하는 것이 레귤레이터이다.

그림 2.36과 같이 계자코일에 직렬로 가변저항을 넣어서 계자전류를 가감하여 출력전압을 일정하게 하고 있다. 실제로는 전자석과 카본 파일이라고 하는 일종의 가변저항을 사용하거나 릴레이로 저항을 전환하거나 한다.

자동차용 직류발전기의 성능은 12 V용의 경우 5000 회/분에서 단자전압 14 V일 때 20 A, 25 A, 50 A 등으로 전류로 표시되어 있다.

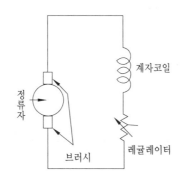

그림 2.36 자동차용 직류발전기의 회로도

24 V용의 대형 차량용도 마찬가지로 5000 회/분에서 28 V일 때 30 A, 60 A, 70 A 등으로 표시된다. 와트수는 단자전압과 표시전류의 곱으로 구한다.

이처럼 자동차용 발전기는 정격출력은 5000 회/분으로 높은 회전이므로 이 발전기를 풍차용으로는 그대로 이용할 수 없다. 이 점을 좀 더 고찰해 보자.

지금 12 V의 배터리에 충전한다고 할 때, 몇 볼트의 출력전압이 발생하면 충전 가능한가 하면, 배터리의 단자전압 이상인 12 V를 넘으면 된다. 이 충전 개시 전압을 일러 컷인(cut in) 전압이라고 한다. 또 이때의 회전수가 컷인 스피드이다.

이때 발전기 회전수는 900 회/분에서 1400 회/분이다. 자동차의 속도는 톱기어로 15 km/h 정도에서 발생전압은 13 V 정도가 된다.

컷인이라는 말은 배터리의 단자전압 이상으로 발전기의 전압이 상승하였을 때 발전기와 배터리를 이어주고, 반대로 전압이 낮아지면 회로가 끊어지는 릴레이가 있는데 이 릴레이를 컷아웃 릴레이라 호칭하는 데서 유래한 것이다. 이 릴레이 회로가 없으면 축전기에서 발전기로 전류가 역류한다.

컷인 스피드가 문제가 되는데, 이것을 1000회/분 이하로 할 수 있다면 풍력발전에 충분히 이용할 수 있다. 또 정격 출력의 최대한까지 끌어낼 수는 없다 하더라도 컷인 전압 이상으로 사용하고 있다면 실용이 가능하다.

이를 위해서는 앞에서 설명한 $V=kN \cdot I_f$의 식을 생각할 필요가 있다.

자동차에서는 회전수 N이 크게 변화하므로 레귤레이터(regulator)

가 필요하다. 그러나 풍력발전에서는 회전수 N을 작게 하여야 하므로 I_f를 크게 할 필요가 있다. I_f를 크게 한다는 것은 계자의 자력을 크게 하는 것인데, 이것은 계자코일을 개조함으로써 어느 정도 가능하다.

이 계자코일을 개조하여 컷인 스피드를 1000회/분 이하로 하면 이용 가능하게 된다. 또 24 V용의 것을 12 V용으로 사용하면 그대로 이용할 수 있는 것도 있다. 단, 이 경우는 출력은 떨어진다.

이처럼 직류발전기를 풍력발전에 이용하는 것은 뒤에 설명하는 교류발전기보다도 이용하기 쉬운 측면이 있으므로 선택을 고려해 봄직하다.

2.6.3 자동차용 직류발전기의 개조

풍력발전기용으로 개조하기 위해서는 회전수를 낮출 필요가 있다는 것은 이미 앞에서 기술한 바 있다. 여기서는 개조하기 전에 실

그림 2.37 자동차용 DC 다이나모의 겉모습

제 겉모습과 구조에 대하여 살펴보고, 분해와 조립방법에 대해서도 기술하도록 하겠다.

(1) 직류 다이나모의 겉모습과 구조

직류 다이나모(dynamo)는 그림 2.37과 같이 플렌지형(flange type)과 밴드형이 있으며, 이 밖에도 베이스형이라는 것도 있다.

플렌지형은 주로 12 V용이고, 밴드형과 베이스형은 24 V용의 대형차에 쓰이고 있다. 접지 방식은 이전에는 플러스 접지였으나 현재는 대부분 마이너스 접지이다.

■ 교류와 직류 중 어떤 것이 좋은가

전등(전구)을 발명한 에디슨은 배전회사를 설립하여 전기를 송전할 때 직류로 송전하였다고 한다.

다른 업자들은 교류의 배전회사를 만들어 경쟁하게 되었지만 에디슨은 변압기로 전압을 쉽게 변압할 수 있는 교류 송전을 끝까지 반대하였다고 한다.

그리고 그의 직류 송전망은 오늘날까지도 미국에 남아 있다. 그러므로 미국의 전기 기기는 교류와 직류 양용이 많다.

과거 뉴욕 일원에 큰 정전사태가 발생했을 때 송전망이 복잡하여 수복이 쉽지 않았다고 하는데 교류·직류 어느 쪽이 좋은지 현재 시점에서 재고해야 한다는 소리도 높다.

특히 풍력발전 등 에너지를 저장하여 두는 데 있어서는 직류도 중요한 전류의 형태이다. 에디슨의 선견지명 여부가 이제부터 과제이다.

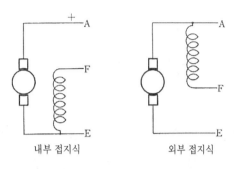

| 내부 접지식 | 외부 접지식 |

그림 2.38 여자(勵磁)회로의 종류

직류 다이나모에는 3개의 단자가 붙어 있으며 각각 A, E, F로 표시되어 있다. 그림 2.38과 같이 이 단자 사이에 레귤레이터를 삽입하기 위한 것인데, A와 F 사이에 넣는 것을 내부 접지식이라 하고, F와 E 사이에 넣는 것을 외부 접지식이라고 한다.

외부 접지식인지 내부 접지식인지의 구분은 겉모습만으로는 판단할 수 없으므로, 이에 관해서는 뒤의 테스트 항목에서 기술하도록 하겠다.

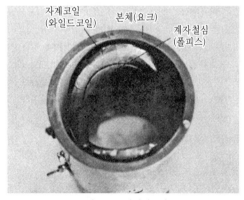

그림 2.39 계자의 모습

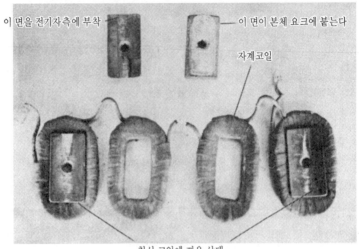

이 면을 전기자측에 부착   이 면이 본체 요크에 붙는다

자계코일

철심 코일에 끼운 상태

그림 2.40 계자코일과 계자철심

계자(界磁)의 극수는 12 V용에서는 2극인 것이 많고, 24 V용에서는 4극이 많다. 그림 2.39는 전기자를 제거한 발전기 내부 모습인데, 계자의 상태를 알 수 있다. 그림 2.40은 계자철심과 코일을 제거한 것으로, 이것은 4극용이다. 철심은 코일과 함께 바깥쪽 발전기의 본체(yoke)에 나사로 고정되어 있다.

(2) 직류 다이나모의 테스트

테스트 순서는 다음과 같다.

1) 수동 테스트

발전기의 프리를 손으로 돌려보아서 원활하게 도는가를 확인한다. 오래된 제품은 브러시가 정류자에 고착되어 있는 경우도 있으므로 잘 회전하지 않을 때는 브러시 커버를 벗겨서 조사한다. 브러시

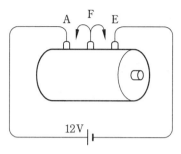

그림 2.41 모터링 테스트의 결선도

가 양호하면 베어링의 불량이다.

2) 모터링 테스트

직류 다이나모는 결선을 바꾸면 직류분권 모터가 되므로 외부에서 전류를 흘려 주면 회전한다. 이렇게 하여 테스트하는 것을 모터링 테스트라고 한다. 이 테스트 때 내부 접지인지 외부 접지인지를 확인할 수 있다.

그림 2.41과 같이 잘 충전된 배터리를 준비하여 +단자를 A에, −단자를 E에 연결한다. 이어서 F단자를 A나 E에 연결하여 회전 여부를 확인한다. 이때 A로 회전하면 내부 접지식이고 E로 회전하면 외부 접지식이다. 회전 상태를 세심하게 관찰하지 않으면 발전기의 잔류자기로 회전하는 수도 있으므로 주의를 요한다. 24 V용을 12 V의 배터리로 테스트하여도 회전 상태가 좋은지 나쁜지를 알 수 있다. 그리고 F단자를 어디에 연결하여도 회전하지 않는다면 이 경우는 발전기의 불량이다.

이 테스트에서 회전하지 않을 때는 다음 점을 조사한다.

- 계자코일과 리드선의 단선, 접지 단락 여부
- 브러시 홀더의 절연 상태

●브러시가 정류자보다 떠 올라 있다.

(3) 직류 다이나모의 분해

수리나 개조를 하려면 분해·조립을 할 수 있어야 하기 때문에 그 순서를 익혀 두어야 한다.

1) 브러시 제거

브러시 커버를 열고, 고리처럼 구부린 철사로 브러시 스프링을 끌어올려 브러시를 뽑아낸다. 리드선이 붙어 있는 비스는 잃어버리지 않도록 조심한다. 그리고 브러시에 번호를 붙여두면 조립할 때에 편리하다.

2) 플리를 뽑아낸다

플리 뒤에 있는 팬 사이에 막대를 넣어서 축에 붙어 있는 너트를 푼다. 들어 있는 키는 분실하지 않도록 잘 간직한다. 대형으로 된 것은 축이 테이퍼로 되어 있으므로 빠지지 않을 때는 플리 뽑기를 사용하고, 절대로 두드려서는 안 된다.

3) 전후 커버를 벗긴다

전후 커버를 조이고 있는 관통 볼트를 뽑으면 본체에서 분리된다. 뒤 커버에는 계자코일이 브러시 홀더에 접속되어 있으므로 그것을 풀어낸다. 커버는 본체에 핀으로 고정되어 있으므로 나무 해머로 가볍게 두드리면 된다. 단, 무리하게 강한 힘을 가해서는 안 된다.

4) 계자코일과 철심을 분리한다

본체 외부에 있는 나사를 풀면 코일과 폴피스가 떨어진다. 이때 쇼크 드라이버를 사용하면 쉽게 나사가 풀린다.

코일 위치는 표시를 해 두고 또 코일 한쪽 끝은 F단자에 접속되

그림 2.42 다이나모의 분해도

어 있으므로 이것도 풀어낸다. 폴피스도 위치 표시를 잊지 말 것.
그림 2.42는 분해도이다.

조립은 분해 때의 역순으로 하면 되고, 조립 후에는 반드시 모터
링 테스트를 하고 잔류자기를 남겨둔다.

(4) 풍력발전기용으로 개조

구조와 성능을 대충 이해하였으므로, 다음에는 12 V용 풍력발전
에 필요한 저회전으로 하는 것을 생각해 보기로 하겠다.

이 경우에는 증속장치 같은 것은 생각하지 않고 발전기에 프로
펠러를 직결하여 운전하는 것을 검토하기로 하겠다.

고회전의 자동차용으로 설계된 발전기이므로 정격출력을 끌어내
는 것은 생각하지 않기로 한다. 대신 앞에서 설명한 바와 같이 계자
코일을 개조하여 계자의 자력을 강력하게 하는 것을 생각하기로 한
다. 분해를 통해서 알게 된 바와 같이, 전기자코일은 일반 것으로는

고쳐 감기가 어렵다. 그러나 계자코일은 전기자코일에 비하여 고쳐 감기가 어렵지 않기 때문에 이것을 개조하기로 한다. 물론 전기자코일을 고쳐 감을 수 있다면 회수를 많이 감으면 되므로 권장할 만하다. 계자는 일종의 전자석이므로 강한 전자석을 얻기 위해서는 다음 식을 생각하면 된다.

전자석의 세기=코일의 감은 수(권수)×전류

이 권수를 바꾸어 흐르는 전류와의 곱을 크게 하면 된다. 그러나 권수를 크게 하면 권선 저항이 증가하여 전류가 적어지므로 너무 가는 선은 사용할 수 없다. 또 권선 스페이스도 한정되어 있으므로 굵은 선을 많이 감을 수도 없다. 따라서 개조에는 한계가 있으며, 가령 회전수를 낮게 할 수 있다 하여도 출력이 떨어지는 것은 어쩔 수 없다.

(5) 실제 개조법

개조하기 전에 현재 상태의 성능을 확인할 필요가 있다. 발전기에 따라서는 뒤에서 설명하는 프로펠러의 설계에 따라 그대로 사용할 수 있는 것이 있을지도 모르므로 분해하기 전에 벤치 테스트를 한다.

테스트 때의 배선은 모터링 테스트 때와 마찬가지로 단자 A를 전압계의 +에, 단자 E를 −에 연결하고 F는 모터링 테스트에서 회전한 단자에 연결한다. 이 벤치 테스트에서는 컷인 스피드를 아는 것이 중요하다. 또 개조 도중에도 여러 차례 테스트가 필요한 경우가 있으므로 간단한 벤치 테스트 장치를 1대 준비해 둘 필요가 있다. 공장 등에서 제너레이터 테스터를 빌릴 수 있다면 벤치 테스트코

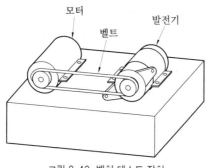

그림 2.43 벤치 테스트 장치

장치는 필요하지 않다.

그림 2.43과 같이 장치를 조립해 둔다. 받침대가 되는 재료는 목재도 좋고 철제 앵글이라도 상관 없다.

구동용 모터는 200~300 W의 교류 직권모터를 사용하고, 슬라이닥스 등으로 회전수를 자유롭게 바꿀 수 있도록 조정해 둔다. 그리크 회전계도 준비한다.

모터 축의 풀리는 발전기와 같은 벨트를 사용할 수 있는 것이어야 한다. 구동용 모터는 인덕션 모터인 경우 슬라이닥스에 의한 회전수 변화가 불가능하므로 주의해야 한다. 이러한 때 인덕션 모터의 회전수는 일정하므로 풀리비를 바꾸어 발전기의 회전수를 변화시킨다.

계자코일은 발전기가 4극인 경우에는 그림 2.44와 같이 2개의 코일을 병렬로 결선한다. 이렇게 함으로써 계자코일의 저항이 절반으로 되므로 전류가 2배로 되어 계자의 자력을 증가하여 회전수를 낮게 할 수 있는 경우도 있다.

2극인 발전기도 이렇게 하면 원리적으로는 전류가 2배로 되는

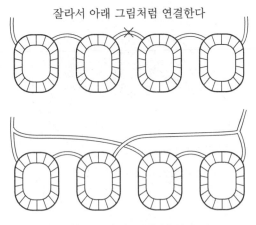

잘라서 아래 그림처럼 연결한다

그림 2. 44 4극형 계자코일의 개조

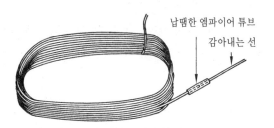

납땜한 엠파이어 튜브

감아내는 선

그림 2. 45 계자코일을 감는 법

셈이지만, 저항이 극단으로 적어지고 발생한 전력이 대부분 계자코일에 흘러가 출력을 얻어내지 못하는 경우도 있다. 이와 같은 때에는 코일을 감을 수 있는 스페이스가 있는 것이라면 더 감아주는 것도 한 방법이 될 수 있다.

그림 2.45와 같이 코일에 감겨 있는 면테이프를 풀어내고 코일과 같은 굵기의 선을 스페이스 가득 감아준다. 이때 코일에 고무계 접착제를 칠한 다음 틀대로 접착하면서 감아 나간다. 다 감은 다음

에는 면테이프를 다시 감아둔다. 반드시 면테이프를 사용해야 하고, 비닐테이프는 약하기 때문에 사용하면 안 된다. 너무 지나치게 많이 감으면 본체에 들어가지 않으므로 주의해야 한다. 계자코일을 더 감을 수 있는 스페이스가 없거나 개조 후에도 기대했던 성능이 나오지 않을 때에는 계자코일을 다시 감는다.

그림 2.46과 같은 틀을 만든 후에, 그 틀에 감은 다음 틀을 제거하고 면테이프로 주위를 감아서 정형한다. 그리고 절연 바니스에 24시간 정도 담갔다 끌어올려 건조시키면 된다. 그러나 절연 바니스에 담그기 전에 충분한 벤치 테스트를 하여 권선을 조정한다.

권선은 현재의 굵기보다 약간 가느다란 선을 스페이스 가득 감고 테스트하면 특성 변화의 경향을 파악할 수 있다. 이를 바탕으로 선의 굵기와 권수를 컷앤드 트라이 한다. 1000회/분 이하로 14 V되는 것을 목표로 실험을 반복할 필요가 있다.

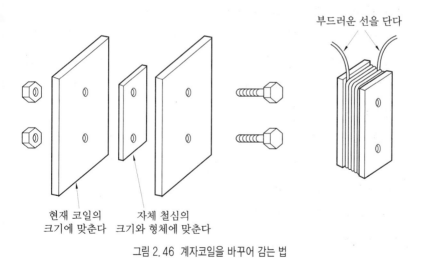

부드러운 선을 단다

현재 코일의 크기에 맞춘다   자체 철심의 크기와 형체에 맞춘다

그림 2.46 계자코일을 바꾸어 감는 법

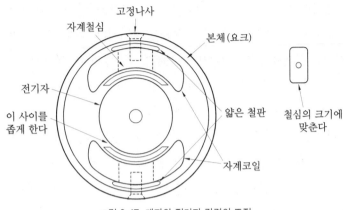

그림 2.47 계자와 전기자 간격의 조정

전기사코일을 고쳐 감을 수 있다면 가는 선을 가급적 많이 감는 것이 좋은데, 이때도 계자코일을 다시 감을 필요가 있다. 발전기에 따라서는 계자철심과 전기자의 간격이 넓은 것도 있다. 이 간격을 좁히는 것만으로도 성능이 향상된다. 계자의 세기는 거리의 제곱에 반비례하므로 이 간격의 조정도 매우 중요하다.

그림 2.47과 같이 계자철심과 본체 사이에 얇은 철판만 넣으면 된다. 이 얇은 철판은 음료수 캔이나 함석판도 좋지만 표면이 주석으로 도금되어 있는 것은 가스불 등에 적열한 다음 식혀서 샌드 페이퍼로 녹을 제거한 다음 사용하면 된다. 이때 가급적 보드라운 샌드 페이퍼로 문지르는 것이 표면에 요철이 생기지 않아서 좋다.

너무 두꺼운 것을 넣어 발전기의 온도가 높아지면 팽창하여 간격이 없어지고, 회전이 불가능하게 되는 경우도 있다.

이제까지 12 V용 자동차용 직류발전기에 대하여 개조하는 경우를 기술하였는데, 24 V용을 12 V로 사용할 때에는 계자가 4극인 것이 많으므로 계자코일의 결선을 그림 2.44처럼 바꾸거나 계자와 전기자의 간격을 좁히는 것만으로도 상당한 효과를 기대할 수 있다. 단, 이것도 발전기 나름이다.

앞에서 설명한 바와 같이, 이렇게 개조하여도 원래 고회전용으로 결선된 것이므로 철심이 작기 때문에 정격출력의 1/3 이하로 되는 것은 어쩔 수 없다. 그러나 풍속이 커지면 회전도 상승하고 출력도 증가하므로 배터리에 충전하면서 사용하면 별 문제가 없다.

2.6.4 교류발전기

현재의 자동차용 발전기는 대부분 교류발전기이고 폐차장 등에서 쉽게 구할 수 있다. 그러나 이것도 원래 자동차용으로 설계된 것이므로 풍력발전용으로 쓰기 위해서는 해결해야 할 문제가 많다.

(1) AC 다이나모의 원리와 구조

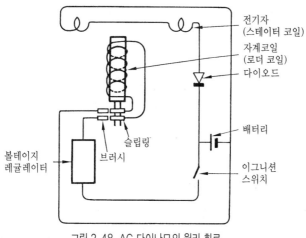

전기자
(스테이터 코일)

자계코일
(로더 코일)

다이오드

배터리

이그니션
스위치

슬립링

브러시

볼테이지
레귤레이터

그림 2.48 AC 다이나모의 원리 회로

이것은 영구자석 대신에 전자석이 회전하도록 되어 있다. 그림 2.48은 원리회로이다.

자동차에서는 이그니션 스위치(ignition switch)를 ON하면 배터리의 전류가 볼테이지 레귤레이터를 통하여 로터 코일로 흘러 계자를 자화한다. 이 계자가 회전하면 전기자코일에 기전력이 발생하며 이것은 교류이다.

이대로는 배터리를 충전할 수 없으므로 이것을 다이오드로 정류하여 배터리를 충전한다. 실제로는 전기자코일은 3조가 감겨 있어 3상교류를 발생하고 있다. 이것을 전파(全波) 정류하여 효율이 좋은 충전을 한다.

로터의 계자철심도 NS의 1조뿐이 아니라 여러 짝이 조합되어 있다. 이 조합으로 축 방향으로 NS의 자기회로가 형성되므로 쇠 같은 강자성체를 프론트 커버와 리어커버로 사용하면 전후 커버에 자로(磁路)가 만들어져 내부 계자에 자속이 흐르지 못하게 되므로 전후 커버에는 비자성체인 알루미늄이 사용되고 있으며, 이것이 중량 경감에도 기여하고 있다.

(2) AC 다이나모의 특성과 성능

AC 다이나모는 다이오드를 사용하고 있으므로 역류 방지용 컷아웃 릴레이는 사용하지 않지만 관습상 충전 개시 전압을 컷인 전압이라고 한다. 이 전압은 800~1000회/분으로 획득된다. 또 최고 회전수는 12000회/분 정도까지이다. AC 다이나모는 자기 자신의 전류 제한작용도 가지고 있다.

지금 발생하는 전류는 교류이므로 이 주파수를 f, 회전수를 N,

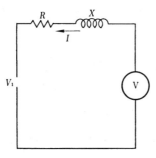

그림 2. 49 AC 다이나모의 등가회로

극수를 P라고 하면 다음 관계식이 얻어진다.

$$f = \frac{N \cdot P}{120}$$

이 식으로부터 회전수와 극수가 증가하면 주파수도 증가하는 것을 알 수 있다.

그림 2.49는 AC 다이나모의 등가회로이다. V는 AC 다이나모의 발생전압, V_1은 단자전압, R는 전기자코일의 직류저항, X는 발생전류가 교류이므로 회로의 리액턴스라고 하면 출력전류 I는 다음 식으로 구할 수 있다.

$$I = \frac{V - V_1}{\sqrt{R^2 + X^2}}$$

여기서 R와 X를 비교하면 R는 무시할 수 있을 정도로 작으므로 다음 식이 얻어진다.

$$I = \frac{V - V_1}{X}$$

V는 회전에 비례하여 상승하고, 마찬가지로 주파수도 증가한다.

따라서 리액턴스 X도 커져 위 식의 분모, 분자가 마찬가지로 증가하므로 비율은 일정하게 된다.

따라서 전류는 어느 값 이상으로는 증가하지 않게 되는데, 이를 자기(自己)전류 제한작용이라고 한다. 충전의 특성 등은 DC 다이나모와 마찬가지이다. 또 전압 조정도 DC 다이나모와 마찬가지로 계자코일에 흘리는 전류를 레귤레이터로 가감한다. 전체 회로 구성은 그림 2.50과 같고, 동작은 다음과 같다.

이그니션 스위치를 넣으면 전류는 볼테이지 레귤레이터 상부 접점을 통하여 계자코일에 흐른다. 회전속도가 빨라져 전압이 충분히 높아지면 볼테이지 레귤레이터의 릴레이 코일에 전류가 흘러 접점이 열리고, 전류는 R를 통하여 계자코일에 흐르게 되므로 그 크기가 감소하여 발생 전압을 낮춘다.

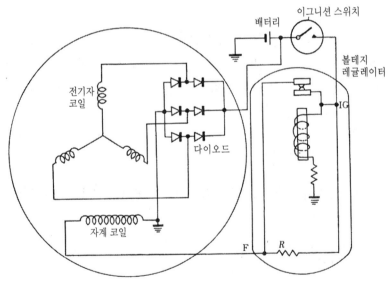

그림 2.50 AC 다이나모와 레귤레이터의 관계

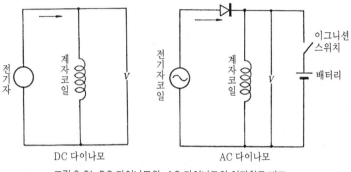

그림 2.51 DC 다이나모와 AC 다이나모의 여자회로 비교

이것을 반복하는 것이 볼테이지 레귤레이터이다. 최근 IC 레귤레이터라고 하는, 반도체를 사용한 것도 쓰이고 있는데, 릴레이의 접점이 없을 뿐 같은 작용을 한다. 이것은 본체와 함께 장치되어 있다.

DC 다이나모와 다른 점은 IC 단자가 있는 것이다. 이것은 다음과 같은 이유에서이다. 그림 2.51에서 DC 다이나모는 전기자코일이 회전하면 계자철심의 잔류자기에 의해서 전기자코일에 기전력이 일어나고, 정류자와 브러시의 작용으로 일정 방향의 전류가 계자코일로 흐르게 되므로 이것이 반복되어 발생전압이 높아진다.

AC 다이나모는 계자가 회전하면 마찬가지로 잔류자기로 전기자코일에 기전력이 발생하지만, 정류를 위해 다이오드가 들어 있으므로 1 V 가까운 전압이 발생하지 않으면 전류가 흐르지 않는다. 따라서 DC 다이나모와 같이 자려로 계자전류를 획득하지 못하므로 회전은 하지만 발전은 하지 않는다. 그러므로 자동차에서는 시동 때에 이그니션 스위치로 다이나모의 계자코일에 전류를 흘려 여자시켜 준다.

이처럼 타력에 의해서 계자코일에 전류를 흘리는 발전기를 타려

(他勵)발전기라고 한다.

물론 회전수를 충분히 높게 하면 다이오드를 도통시킬 만큼의 기전력을 획득할 수 있지만 3000회/분 정도의 회전수에 이르므로 이는 자동차에서도 실용적이지 못하고, 더욱이 풍력발전에서는 불가능에 가깝다.

스위치를 끊었을 때 다이오드가 들어 있기 때문에 전류가 배터리에서 발전기로 역류하지 않으므로 DC 다이나모처럼 컷아웃 릴레이는 불필요하다.

AC 다이나모의 출력 표시는 12 V, 25 V, 정격회전수 5000회/분, 사용 회전수 1250~12000회/분, 전압/회전수 14/1250 이하 등으로 표시하고 있다.

구동용 풀리의 지름 비율도 엔진 2에 대하여 다이나모 1이므로 고회전의 발전기인 것을 알 수 있다.

(3) AC 다이나모의 분해 조립

여러 가지 형식의 것이 있지만 기본적으로는 큰 변화가 없다.

1) 브러시 커버가 있는 것은 그것을 벗겨내고, 브러시와 홀더가 일체로 되어 있는 것은 전체를 풀어낸다. 또 브러시 커버가 리어커버에 붙어 있는 것은 리어커버와 함께 풀어내야 한다.

2) 풀리의 고정 너트를 풀면 풀리와 팬이 분리된다.

3) 관통 볼트를 뽑으면 전후의 커버가 분리되는데, 전기자코일은 뒤 커버에 붙어 있으므로 이것은 분리하지 않는 것이 좋다. 분해한 부품의 모습은 그림 2.52와 같다.

4) 조립

앞 커버
스테터
로터
리액터
팬
관통 볼트

그림 2.52 AC 다이나모의 분해

분해의 역순으로 조립하면 되지만, 브러시가 리어커버에 들어 있
는 것은 리어커버 뒤 부분의 가느다란 구멍으로 철사를 넣어 브러
시를 밀어올린 상태로 한 뒤에 로터의 베어링, 슬립링 순으로 넣고,
완전하게 넣은 후에 철사를 뽑는다. DC 다이나모와는 달리 본체와
커버 사이에 노크핀이 없으므로 관통 볼트를 조일 때 구부러지지
않도록 조심한다.

또 전후 커버는 알루미늄으로 만들어졌으므로 무리한 힘을 가하
면 망가지게 된다.

(4) AC 다이나모의 테스트

DC 다이나모와 마찬가지로 벤치 테스트를 하면, 테스트 회로는

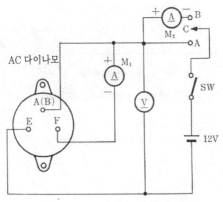

그림 2.53 AC 다이나모의 테스트회로

그림 2.53과 같다.

전술한 벤치 테스트 받이에 AC 다이나모를 세트한 다음 회로의 C점을 A에 연결하고, 테스트회로의 스위치 SW를 넣어 M₁에서 계자전류를 읽는다.

다이나모를 회전시켜 발생전압을 보면서 회전수를 측정한다. 회전수가 500~800회 정도로 되면 스위치 SW를 끊어 본다. 시초에 외부에서 여자전류를 흘려 두었으므로 이 정도의 회전수가 되면 다이오드가 도통하여 스스로 계자전류를 얻게 되어 자려발전기 구실을 하고 전압도 안정된다. 만약 전압이 불안정하다면 안정될 때까지 회전수를 높여 준다.

그리고 안정되면 회전을 높여서 전압이 13~14 V로 되는 회전수를 기록한다. 이때의 회전수가 컷인 스피드이다. 이것이 낮은 것이 풍력발전기에는 바람직하다.

전압을 더 높여 나가면 이 상태에서는 볼테이지 레귤레이터가 없으므로 계자전류가 증가하여 발전기가 열을 받게 되므로 장시간의 실험은 하지 않는 것이 좋다.

C점을 B점에 연결하여 다시 스위치 SW를 넣고, 회전을 높여 M_2의 전류를 관찰한다. 이 상태는 볼테이지 레귤레이터가 없어도 어느 전압까지는 충전이 가능하므로 배터리의 상태에 따라 흐르는 전류가 다르겠지만 몇 암페어 흐르면 된다. 이때의 회전수를 알아둔다.

이 테스트에서 전압이 발생하지 않거나 발생전압이 낮은 경우에는 다이오드의 불량 또는 스테이터 코일, 필드 코일의 단선, 접지 단락 슬립링, 브러시 불량일 수 있으므로 수리를 해야 한다.

(5) 풍력발전에의 응용

DC 다이나모와는 달리 코일을 다시 감는 것은 일반적으로 쉬운 일이 아니다. 만약 다시 감아주는 업자라도 있다면 내킨 김에 스테이터 코일의 수를 더 많이 감아주도록 의뢰해야 하겠지만, 여기서는 그런 경우는 생각지 않기로 하겠다.

저회전용으로 개조할 수 없다면 이것은 프로펠러 및 기타에서 다시 검토하기로 하고, 가장 문제가 되는 여자회로의 스위치를 어떻게 하느냐가 AC 다이나모를 이용하는 데 있어서 관건이 된다.

이런 종류의 발전기를 사용한 풍력발전기 제작 기록들을 보면 구체적인 회로와 설명 등이 모두 분명하지 않다.

미국의 예 중에 발전기와 배터리를 결합하여 바람이 불거나 불지 않거나 여지하여 둔다는 것이 있었지만, 그것 역시 실제로는 어떻게 운전했는지, 그 결과에 대해서 기록된 것이 없었다.

일본에서도 플랜만을 판매하고 있는 어떤 설계도를 보면 프로펠러가 회전하면 손으로 스위치를 넣는다는 것이 있었는데, 이것도 실

소를 자아내게 한다. 고회전으로 증속하여 잔류자기로 다이오드를
도통시키는 방법도 있고, 이것을 실현시킨 사례도 있다.

이 경우 프로펠러(지름 4.4 m, 4장)를 역피치한 것을 증속하여
4kW의 발전을 하고 있다. 그러나 지주 등은 지름 30 cm 이상의 철
관을 사용하는 등, 어디서나 누구나 쉽게 사용할 수 있는 것은 아니다.

발전기에는 너무 손을 가하지 않고 여자 스위치를 ON/OFF하
는 방법을 생각하기로 하겠다.

1) 회전을 검출하여 스위치를 ON-OFF하는 방법

이 방법은 대별하여 회전부에 연동하여 다른 발전기를 가동하고
그 기전력으로 릴레이 등을 사용하는 방법과 회전을 전기적으로 감
지하여 릴레이 등을 동작시키는 방법이다. 전자는 자전거용 발전기
나 마그넷 모터를 프로펠러의 회전과 결합하여 하는 것이다.

그림 2.54는 풀리와 벨트에 의한 증속장치에 검출용 발전기를
결합한 예이다. 검출용 발전기의 위치는 동력 전달 기구에 따라 여
러 가지 방법을 생각할 수 있지만, 기본적으로는 모두 마찬가지이다.

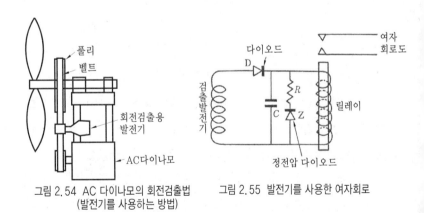

그림 2.54 AC 다이나모의 회전검출법　　그림 2.55 발전기를 사용한 여자회로
　　(발전기를 사용하는 방법)

전기적 회로는 그림 2.55의 것을 생각할 수 있다.

검출용 발전기의 발생 전류를 다이오드 D에서 정류하고 C의 콘덴서로 평활화하여 릴레이에 가하게 되며, 이때 축의 회전수로 검출용 발전기의 발생전압이 결정되므로 일정한 전압이 되면 릴레이가 작동하도록 정전압 다이오드를 넣어 둔다. 검출용 발전기의 발생전압과 릴레이의 동작전압, 축의 회전수 설정으로 정전압 다이오드의 파괴전압(zener voltage)을 결정할 필요가 있다.

2) 전기적으로 회전을 검출하는 방법

이것은 축의 회전을 어떤 센서 등을 사용하여 전기신호로 변환해서 릴레이 등을 동작시키는 것이다. 여러 종류의 센서가 있지만 전자유도를 이용하는 것이 간단하다.

이것은 계자가 회전하면 잔류자기로 전기자 철심의 자속도 변화한다. 이것을 센서 코일이 검출한 다음 트랜지스터를 도통시켜 그 회로에 들어 있는 릴레이를 동작시키는 것이다. 센서 코일은 전화 녹음용의 픽업 코일을 사용할 수 있으므로 편리하다. 또 픽업 코일은 권수가 많은 소형 트랜스를 개조하여도 된다.

그림 2.56은 기본 회로도이다. 검지 코일의 권수와 형상에 따라 기전력이 큰 경우에는 기본 회로 그대로도 트랜지스터를 도통시킬 수 있다. 또 검지 코일을 개조하여 기전력을 크게 할 수도 있으므로 트랜스 개조는 시도해 볼 가치가 있다.

검지 코일의 감도가 낮을 때에는 증폭하고 나서 기본 회로에 넣어도 된다. 이때는 무신호 때의 전류가 적은 회로를 선택할 필요가 있다.

그림 2.57은 증폭회로의 한 예이다. 이 회로에 정지 때에 배터리

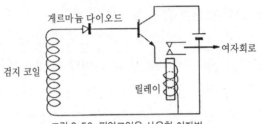

그림 2.56 픽업코일을 사용한 여자법

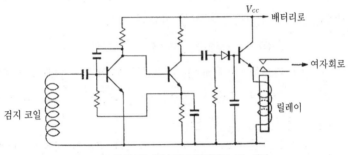

그림 2.57 센서 앰프 여자회로. 57 센서

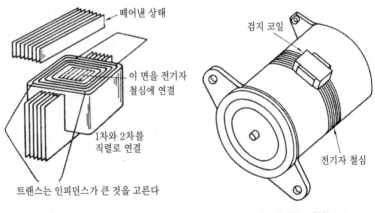

그림 2.58 트랜지스터에 의한 픽업코일의 제작   그림 2.59 센서를 부착한 모습

에서 흐르는 전류는 수 mA~수 10 mA이므로 자동차가 정지했을 때 카 크록과 마찬가지로 적기 때문에 문제가 되지 않는다.

트랜지스터를 사용하고 있지만 아이들링(idling)전류가 적은 IC를 사용하여도 좋다. 이와 같은 회로는 무선관계 잡지에 많이 발표되고 있으므로 참고하기 바란다.

검지 코일은 그림 2.58과 같이 만들면 된다. 이때 1차 코일과 2차 코일의 감는 방향을 주의해야 한다. 반대로 연결하면 감도가 높아지지 않는다. 감도가 좋지 않을 때에는 감는 시작점과 감은 끝점의 연결법을 바꾸어 본다. 그림 2.59는 발전기에 장착한 모습이다. 500~700회/분으로 릴레이가 작동하도록 벤치 테스트를 통하여 커트 앤드 트라이한다.

3) 풍압 스위치를 사용하는 방법

전술한 두 가지 방법은 회전을 검출하여 여자회로의 스위치를 개폐하는 방법이기 때문에 검지용 발전기와 센서, 반도체, 릴레이 등이 필요하다. 그러나 풍압을 이용하는 경우에는 수풍판(受風板)과 스위치만 있으면 되는 장점이 있다. 그러나 풍차의 회전과 풍압 스위치의 동작을 연동시키려면 충분한 실험을 하여 수풍판의 위치, 크기를 정할 필요가 있다. 이 기구의 원리는 그림 2.60과 같다.

이것은 어디까지나 원리도이므로 강풍 대책 기구가 생략되어 있다. 실제로는 위쪽으로 편향하였을 때 회전이 떨어지는데, 그러한 때에는 여자 스위치도 동시에 위쪽으로 편향하므로 접점이 열리게 된다.

그러나 이때 수풍판이 스위치로부터 너무 떨어지면 복귀가 어렵게 되므로 스토퍼를 달아 방지하고 있다.

풍압 스위치를 이용할 때는 스위치의 방수 가공이 중요하다. 이것은 각종 소형 스위치가 판매되고 있으므로 자작 시스템의 구조에 따라 선택할 수 있다.

이상 AC 다이나모를 풍력발전에 이용하는 경우 가장 문제가 되는 점에 대하여 기술하였는데, 이것도 한 가지 예에 지나지 않으므로 이것을 힌트 삼아 간단한 방법을 연구하기 바란다.

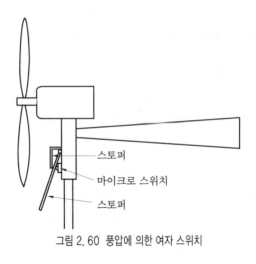

그림 2. 60 풍압에 의한 여자 스위치

제 **3** 장

발전기의 제작

3.1 공작용 공구류의 종류와 사용법

풍력발전기를 손수 만들려면 광범위한 작업이 필요하다. 가장 중요한 부분은 발전기와 풍차 블레이드이고, 이 밖에도 지주(타워)에 대한 장착과 제어 전자회로 제작 등 많은 부분의 제작이 필수적이다.

작업을 위해서는 무엇보다 필요한 것이 공구들이다. 공구는 일반 용품과 전문가용 등이 있고, 국산품에서부터 값비싼 수입품까지 다양하다. 하지만 모름지기 독자들은 대부분 아마추어들일 것이므로 고가의 공작기계보다는 가급적 손쉽게 구할 수 있는 공구류를 갖추는 것이 좋겠다. 그리고 모든 공구류를 한꺼번에 구비하려고 하기보다는 시간을 두고 하나하나 필요한 공구를 갖추어 나가는 것이 구입비 부담을 더는 방편이기도 하다. 이렇게 갖추다 보면 결국에는 소형 탁상용 선반까지 구입하는 사람도 있는데, 회전축 주위의 부품들을 가공하는 데 매우 편리하게 활용하고 있다.

이제 각종 공구 중에서 사용하기 매우 편리하고 또 다루기 쉬운 공구류를 간략하게 소개하겠다.

3.1.1 목재와 금속을 절단한다
(1) 타이머 톱

목재나 금속 절단은 각각 그 재료에 합당한 톱이 있으면 가능하다. 단순 절단인 경우에는 톱으로 충분하지만 정밀도가 요구되는 경우에는 그렇게 간단하지 않다. 아마추어는 바르게 자른다고 나름대로 무척 조심하여도 구부러지거나 비뚤게 잘려지기 예사이다.

이러한 때 목재나 알루미늄 판을 자르는 데 편리한 것이 그림 3.1의 타이머 톱이다. 타이머 톱이라는 명칭은 일반인에게 생소한 느낌이 들지도 모르겠다. 그림에서처럼 톱에 가이드가 붙어 있으므로 손떨림으로 인한 절단면의 구부러짐이 없이 비교적 정확하게 절단할 수 있다. 또 절단면의 각도를 45°, 36°, 22.5° 등으로 설정할 수 있으므로 경사지게 절단할 때도 위력을 발휘한다. 특히 발전기 축에 장치하는 알루미늄 판이나 놋쇠봉 절단에 유효하다.

(2) 전동 줄톱

5~10 mm 정도의 약간 두꺼운 알루미늄 판 등을 절단하는 경우

그림 3.1 목재나 알루미늄 판 등을 자르는 데 편리한 전동 톱
(Timer saw)

사진 3.2 약간 두꺼운 알루미늄 판도 쉽게
절단할 수 있는 전동 줄톱(PROXXON사 제)

그림 3.3 절삭용 기계유 "ProTool-LUBE"
(American Saw & Manufacturing사)

톱으로는 상당한 숙련과 노력을 필요로 한다.

그림 3.2는 독일의 PROXXON사가 제작한 것으로, 가격은 50~60만 원대의 약간 비싼 편이었지만 목재 절단은 물론 알루미늄 재료의 절단에도 매우 편리하게 쓸 수 있다. 이 전동 줄톱을 사용하면 금속, 목재를 불문하고 직선 절단 또는 만곡 절단까지 쉽게 절단할 수 있다. 발전기를 제작할 때 알루미늄을 많이 사용하게 되는데, 그 절단에는 모두 이 전동 줄톱을 사용하면 쉽게 작업할 수 있다.

(3) 절삭유(切削油)

커터로 금속을 절단할 때는 절삭용 기계유를 사용하는 것이 바람직하다. 그림 3.3은 Lenox 브랜드의 ProTool-LUBE(American Saw & Manufacturing사)라는 절단용 오일인데, 이 절단유를 절단부에 떨어뜨림으로써 쉽게 절단할 수 있을 뿐만 아니라 기어의 수명을 오래 유지할 수 있다. 또 절삭유는 볼반으로 구멍을 뚫을 때도 유용하다.

3.1.2 구멍을 뚫는다

(1) 볼반

목공·금속 공작에서 구멍을 뚫는 데 가장 많이 사용하는 것이 드릴이다. 옛날에는 수동형 드릴을 사용했지만 최근에는 전동 드릴(그림 3.4)이 크게 보급되어 일반 가정에서까지도 쉽게 사용하고 있다. 간단한 구멍을 뚫는 데는 이 전동 드릴로 가능하지만 정밀한 구멍을 뚫을 때 또는 약간 큰 구멍($\phi 8\,\mathrm{mm}$ 이상)을 뚫고자 할 때는 수동용 전동 드릴로는 어렵다. 그러므로 정밀하게 구멍을 내려고 할

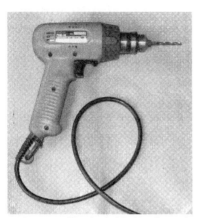

그림 3. 4 구멍을 뚫는데 사용하는 전동 드릴

그림 3. 5 구멍을 정확하게 뚫을 수 있는 볼반

때는 그림 3.5와 같은 볼반이 적격이다. 가격이 만만치 않아 부담이 크다면 중국제를 찾아보는 것도 한 방편이 될 수 있다. 정밀도에 약간 문제가 있지만 실용에는 충분하다는 것이 중평이다. 볼반은 발전기를 자작하는 경우 큰 역할을 한다.

볼반을 다룰 때는 절대 장갑 등을 착용하지 않아야 한다. 또 필히 보안경을 착용해야 한다. 큰 구멍을 뚫을 때는 반드시 그림 3.6과 같은 바이스를 사용해야 한다. 즉, 모든 작업에는 안전 제일의 정신이 필수적이다.

또 볼반을 사용할 때는 테이블(탁자)과 드릴은 정확하게 90°의 각도를 유지할 필요가 있다. 그 조정은, 드릴 선단에 약간 강한 철사를 감아 철사 끝이 드릴의 회전으로 원을 그리도록 한다. 그 선단을 테이블에 접촉시켜 회전원 모두에 테이블과 철사 간격이 일정하게 되도록 탁자 각도를 조정하기 바란다.

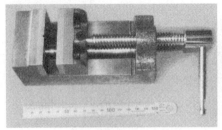 

그림 3.6 공작물을 고정하는 볼반 바이스

그림 3.7 지름이 큰 구멍을 뚫을 때 사용하는 원통 톱

(2) 원통 톱(hole Saw) 드릴

일반 드릴로는 구멍의 지름이 고작 13 mm 정도의 것까지만 뚫을 수 있으므로 이보다 큰 구멍을 뚫고자 할 때는 그림 3.7과 같은 원통 톱 드릴이 필요하다. 이 드릴은 ϕ14~50 mm까지 있지만 깊은 구멍은 뚫을 수 없다. 그러나 경험상 5 mm 두께 정도의 알루미늄판이라면 잘려진 자투리 등을 잘 다듬어 제거한다면 충분히 사용할 수 있다.

3.1.3 깎고 다듬고

목재를 깎고 다듬는 연장으로는 대패와 칼이 있고 문질러서 다듬는 것으로는 사포(샌드 페이퍼 또는 연마지라고도 한다)가 있다. 또 줄은 금속판을 절단했을 때 절단면의 거치름을 밀어서 갈아내거나 나사 구멍을 수정할 때 꼭 필요한 연장이다. 줄도 크고 작은 것이 있고, 눈이 거친 것과 보드라운 것 등 여러 종류가 있다. 철재를 문지를 때는 보드라운 것을, 알루미늄재 등은 눈이 약간 거친 줄이 효과적이다.

풍력발전기를 손수 만드는 경우 금속으로는 알루미늄재, 스테인

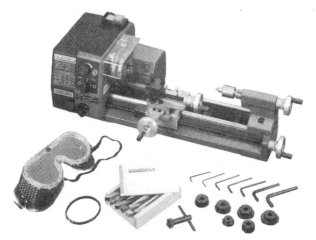

그림 3.8 금속을 본격적으로 절삭할 수 있는 탁상용 소형 선반(PROXXON사 제)

그림 3.9 바이트를 교환할 수 있는 선반용   그림 3.10 금속을 더 강력하게 절삭할 수 있는
         홀더와 바이트   그라인더

리스, 놋쇠 등을 사용하게 되고, 블레이드를 제작할 때는 목재, 발포 스티로폼, FRP 등 광범위한 재료를 사용하게 되므로 용도에 맞는 줄을 장만할 필요가 있다.

(1) 소형 탁상용 선반

금속을 본격적으로 깎으려면 일반적으로 선반(lathe)이나 밀링 머신(milling machine)을 사용한다.

그림 3.8은 소형 탁상용 선반기인데 역시 독일의 PROXXON사 제품이다. 이 선반은 약간 비싸지만 초보자도 사용하기 편리하고, 특히 후술하는 발전기 등의 축에 부착하는 금속제 부속품을 만들 때는 매우 유효하게 이용할 수 있다.

(2) 그라인더

금속을 보다 강력하게 절삭하고자 할 때는 그림 3.10에 보인 것과 같은 그라인더(grinder)가 유효하다. 그라인더는 공구점에서 쉽게 구입할 수 있으며 가격도 큰 부담은 되지 않을 정도이다.

발전기 로터에는 3~5 mm 두께의 연자성철이 사용된다. 이와 같은 철판을 쇠톱으로 절단하기는 어렵기 때문에 핸드 그라인더(그림 3.11)을 쓰면 힘들지 않고 절단할 수 있다. 이 핸드 그라인더도 보슈 제를 싸게 구입할 수 있다.

(3) 스크레이버

블레이드 제작에 관해서는 뒤에서 다시 설명하겠지만, 목재나 FRP 성형으로 제작할 때의 원형은 목재를 깎아 만들어야 한다. 목

그림 3.11 철판을 절단할 때 사용하는 핸드 그라인더

그림 3.12 목재의 초벌깎이에 유효한 전동 스크레이버(보슈사 제)

재의 경우에는 끌(또는 정)과 대패 등이 있지만, 그림 3.12에 보인 보슈사 제의 스크레이버를 사용하면 매우 편리하다.

3.1.4 기타 공구류

금속을 가공할 때 가장 먼저 절단할 부분과 구멍을 뚫어야 할 부분은 철편으로 밑금을 그을 필요가 있다. 이 밑금에 오차가 있으면 완성된 작품의 구멍이 일치되지 않거나 위치가 어긋나게 되므로 최초의 밑금은 매우 중요하다. 그림 3.13에 보인 측정구류를 사용하면 보다 정확한 작업을 하는 데 크게 기여할 것으로 믿는다.

또 금속판 위에 밑금을 긋고 구멍을 뚫는 경우, 바로 드릴로 구멍을 뚫는 것보다는 먼저 펀치로 가이드 구멍을 낸 다음 작업하는 것이 요령이기도 하다. 마무리했을 때 구멍의 위치는 이 펀치의 정확도에 따라 결정되므로 펀치 작업은 신중하게 할 필요가 있다.

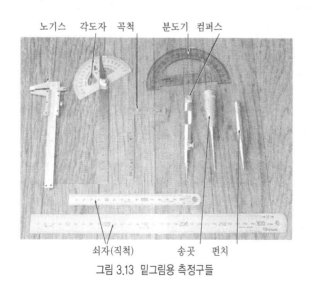

그림 3.13 밑그림용 측정구들

3.2 500 W급 풍력발전기의 제작

발전기를 제작하려고 할 때 가장 중요한 문제는 어떠한 구조로 하느냐이다. 개인 차원에서 제작하는 경우 전술한 바와 같이 최대한 시장에서 구할 수 있는 부품을 사용하고, 특수 가공 부품은 사용하지 않는다는 기본 태도가 중요하다. 여기서는 경험상 비교적 완성도가 높은 2종의 발전기에 관하여 설명하겠다.

3.2.1 발전기의 개요

먼저 다이렉트 드라이브 방식 제1호기를 소개하겠다. 이 발전기는 특수 파트나 고도의 공구류가 없을 때 제작하는 것으로, 1년 정도 필드에서 가동시켜 보았지만 발전기의 고장 없이 비교적 안정 상태로 가동되었다.

앞에서도 기술한 바 있지만, 블레이드의 주속비를 크게 취하여 낮은 회전수로도 출력을 얻을 수 있는 발전기를 만들기 위해서는 다음의 두 가지 방법을 생각할 수 있다.

(가) 어떤 수단으로 증속시키는 방법

(나) 회전 로터의 지름을 크게 하여 다극으로 하는 방법

상기 (나)의 다이렉트 드라이브 방식은 발전기의 회전 로터를 크게 하고, 마그넷과 권선의 상대 속도를 크게 하면 회전수를 높이는 것과 같은 효과가 있으므로 낮은 회전수로도 출력을 얻을 수 있다.

실제로 회전 로터를 크게 하기 위해서는 작업이 쉽지 않을 뿐만

아니라 중량이 무거워지거나 강도면에서도 제한을 받기 때문에 아마추어가 제작하기에는 어려움이 예상된다. 하지만 구조가 단순하기 때문에 생각보다는 쉽게 제작할 수 있다.

(1) 기어 증속형 발전기의 문제점과 대책

먼저 전술한 기어 증속형 발전기의 한 가지 문제는, 로터 한쪽 면에 네오디뮴(Nd) 자석을 배치했기 때문에 회전축의 슬라스트 베어링에 상시 큰 힘이 작용하여 내구성에 문제가 있고, 초기 토크가 약간 커지는 점이다. 그래서 본 발전기는 그림 3.14처럼 양면에 네오디뮴 자석을 배치한 샌드위치 구조로 하였다. 이 구조로 하면 네오디뮴 자석의 강력한 흡인력이 상쇄되어 회전축에는 힘이 걸리지 않고, 동시에 발전부가 2회로 구성되므로 출력 증가도 기대할 수 있다.

물론 그림 3.15처럼 전자강판과 네오디뮴 자석 사이에 코일을 설치했을 뿐인 매우 심플한 구조를 답습하여 낮은 회전수로도 발전할 수 있도록 로터 지름을 190 mm로 하였다. 이 로터 주변에 f25 mm×5 mm의 네오디뮴 자석 16개를 배치하였다. 이와 동시에 이번에는 출력 향상을 도모하기 위해 로터

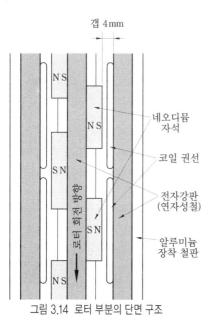

갭 4mm

네오디뮴 자석

코일 권선

전자강판 (연자성철)

알루미늄 장착 철판

로터 회전 방향

그림 3.14 로터 부분의 단면 구조

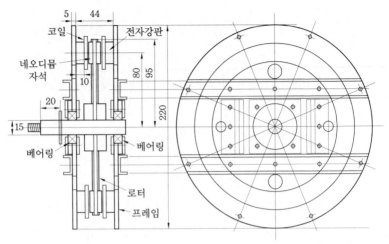

그림 3.15 500 kW급 다이렉트 드라이브 발전기의 구조

양면에 네오디뮴 자석을 배치하여 두 프레임(고정틀)에 전자강판을 배치하는 방법을 채용하였다. 이렇게 함으로써 출력 향상과 동시에 베어링에 걸리는 네오디뮴 자석의 강력한 흡인력을 상쇄시키는 효과를 기대할 수 있다.

로터는 그림 3.16과 같이 ϕ190×14.5 mm로 하고, 양면에 ϕ25×5 mm 두께의 원통형 마그넷을 16개 배치하였다. 그리고 마그넷 뒷면은 자기(磁氣)회로를 구성하기 위해 4.5 mm 두께의 강판을 배치하였다. 이 부분은 자속(磁束)의 변화가 없으므로 전자강판이 아닌 연자성강으로 충분하다.

이 구조에서는 로터 축에 프로펠러 블레이드를 직접 장착하므로 풍력발전기의 풍향이 변화했을 때 커다란 관성 모멘트가 작용한다. 따라서 축 지름은 ϕ15 mm의 스테인리스 봉을 사용한다.

회전 로터를 지지하는 전체 프레임으로는 두께 5 mm의 알루미늄 판을 사용하고, U형 알루미늄재를 써서 보강하였다. 고정극 쪽의 10 mm 폭 전자강판은 알루미늄 프레임에 L자 쇠로 고정함과 동시에 강력한 에폭시계 접착제로 접착한다. 이 구조이면 전자강판에 대한 마그넷의 흡인력은 양면이 끌어당겨져 상쇄되므로 베어링에는 가로 방향의 큰 힘이 가해지지 않게 되므로 슬라스트 베어링도 필요 없게 된다.

3.2.2 제작 순서
제작에 관한 순서와 포인트는 다음과 같다.

(1) 재료 수집
주요 재료는 표 3.1을 참조하기 바란다. 알루미늄 판과 코어, 폴리우레탄 선 등의 필요 수량은 다소 여유롭게 표기하였다.

표 3.1 500 W급 다이렉트 드라이브 발전기의 부품표

품 명	치수 및 시방 등	수 량	비 고
네오디뮴 자석	$f\,25 \times 5\,mm$	32 개	
코아 (방향성 전자 강대)	10 mm 폭	약 3~5 kg	
알루미늄 판	$400 \times 300 \times 5\,mm$	2 장	
	$400 \times 300 \times 2\,mm$	1 장	
강판	$400 \times 300 \times 4.5\,mm$	1 장	
스테인리스 봉	$f\,15 \times 80\,mm$	1 개	축용
베어링	내경 $f\,15 \times$ 외경 $f\,32 \times$ 폭 9mm	2 개	
알루미늄 봉	$f\,40 \times 10\,mm$	2 개	로터장착 부품용
폴리우레탄 선	UEW, $f\,0.7\,mm$	1 kg	권선용
볼트, 너트	$M4 \times 44\,mm$	8 개	프레임 고정용
나사류	M3 및 M4 피스와 너트 각종	적당량	

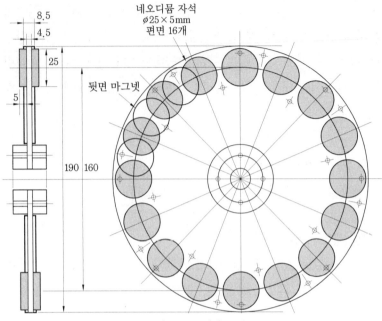

네오디뮴 자석
$\phi25 \times 5mm$
편면 16개

뒷면 마그넷

8.5
4.5
25
5
190 160

그림 3. 16 로터의 구조

(2) 로터부의 제작

먼저 로터부를 제작한다. 로터 중심에는 4.5 mm 두께의 강판을 사용한다. 지름 190 mm의 이 원판상 강판은 줄톱으로 절단할 수 없으므로 데스크 그라인더를 이용하여 절단한다. 그리고 강판 양면에는 2 mm 두께의 알루미늄 판으로 강판을 끼워 싸는 형태로 구성한다. 그림 3.16이 로터의 구조도이다.

알루미늄 판은 절단하는 부분과 구멍을 뚫는 부분을 사전에 철필로 가급적 정확하게 그리고, 먼저 줄톱으로 로터부를 절단한다. 물론 구멍을 뚫는 부분에는 펀치로 먼저 찍어서 정확도를 높이도록 한다.

바깥쪽 2 mm 두께의 알루미늄 판은 마그넷용의 $\phi25$ mm 구멍을 볼반으로 16개 내도록 한다. 필요한 만큼의 마그넷 구멍을 낸 후에는 강판 양면을 2 mm 두께의 알루미늄 판 사이에 끼우듯이 나사로 고정한다. 마그넷은 그림과 같이 22.5°의 간격으로 편면 16개를 배치하고 뒷면은 11.25° 엇갈리게 배치하여 앞면과 뒷면의 3상출력 위상을 엇갈리게 했다.

다음에 로터 축에 고정시킬 때는 축과 로터가 정확하게 직각이 되도록 해야 하며, 그림 3.17과 같이 $\phi40 \times 10$ mm의 알루미늄 봉을 가공하여 제작한다.

(3) 고정극의 전자강판을 장착하는 프레임의 제작

다음은 고정극의 전자(電磁)강판을 장착하는 프레임을 제작해야 한다. 형상은 그림 3.15의 구조도와 같이 220 mm의 원형이고, 2장의 프레임은 8개소에 M4×44 mm의 긴 볼트를 사용하여 고정

그림 3.17 완성된 로터의 겉모습

한다. 또 재료는 가공이 용이한 5 mm 두께의 알루미늄 판을 사용하고, 축 중심부의 프레임 강도를 향상시키기 위해 그림에서처럼 일부분은 U자형 알루미늄 재료를 써서 보강한다.

5 mm 두께의 알루미늄 판에 절단할 형상을 그린 다음 줄톱으로 절단하여 제작한다. 프레임은 앞면과 뒷면용 2장을 제작하며, 특히 이 부분에는 베어링을 매개로 주축이 장착되므로 앞뒤 양쪽 프레임의 축 구멍과 장착하는 나사 구멍의 위치가 정확해야 한다. 대응하는 전후용의 프레임을 겹쳐서 사전에 뚫은 구멍을 통하여 2장을 단단하게 고정시킨 다음 프레임을 장착하는 볼트 구멍과 베어링용의 구멍을 뚫는 것도 좋은 방법일 것이다. 이렇게 하면 2장의 구멍 위치가 엇갈리는 일이 없을 것이고, 설사 구멍 위치가 일치되지 않는다 할지라도 축이 경사지는 일은 없으므로 정밀도를 높일 수 있다.

(4) 코일 배치

마그넷과 전자강판 사이에 코일을 배치하게 되는데, 코일은 3 mm 두께로 감고, 1 mm의 갭을 마련하도록 한다. 따라서 전후 프레임 간의 거리는 42.5 mm(로터 두께 14.5 mm, 전자강판 10 mm ×2, 갭 4 mm×2)로 할 필요가 있다. 당초 코일 두께를 3 mm로 할 예정이었지만 실제로 제작한 결과 3.5 mm가 되었고, 또 전자강판의 접착과 기타 팽창이 있어서 결국 프레임 간의 간격은 약간 여유를 주어 44 mm로 하였다. 프레임 간의 간격은 볼트로 결합한다.

(5) 작은 부품들의 제작

이상으로 기본적인 부품은 만들어졌다. 다음에는 베어링을 고정

그림 3.18 고정극의 전자강판과 고정 부품

하는 금속제 부품들을 제작한 다음 전자강판을 부착한다. 전자강판은 10 mm 폭의 재료를 마련하여 사전에 바깥지름 185 mm, 안지름 135 mm로 감는다. 그리고 그림 3.18과 같이 전자강판에 구멍을 내어 L자 쇠판으로 고정한다. 위에서 제작한 프레임에 볼트로 고정함과 동시에 에폭시계 접착제로 접착한다. 접착성을 향상시키기 위해 알루미늄의 접착 부분 표면은 약간 거친 샌드 페이퍼 등으로 문질러 접착력 강화를 도모한다.

(6) 권선 코일 제작

권선 코일을 제작하기에 앞서 먼저 유의할 점은, 발전하는 전압은 권수에 따라 변한다는 사실이다. 여기서는 발전기 출력에 배터리 충전 제어회로를 결합시키므로 약간 높은 전압이 발생하도록 했다. 권선은 $\phi 0.7$ mm의 폴리우레탄 선을 사용하고 전자강판의 형상에 맞추어 편평상으로 감는다.

한 권선에 70회 감고, 한쪽 면에 12개, 합계 24개를 제작한다. 마그넷과 전자강판 간격이 전술한 바와 같이 4 mm에 불과하므로 권선 코일의 폭은 3 mm로 한다. 즉, 납작하게 감을 필요가 있다. 이 권선을 만들기 위해서는 그림 3.19와 같은 간단한 권선 기구를 제작하는 것이 편리하다. 이와 같은 권선 기구로 감은 후에는 용구에서 분리하기 전에 순간접착제를 써서 형체가 붕괴되지 않도록 사전에 접착한다. 다만 지나치게 접착하면 권선 기구에서 코일이 분리되지 않을 수도 있으므로 주의할 필요가 있다.

이 권선은 일단 감아도 용구에서 분리하면 형체가 붕괴될 수 있어 고생하게 되므로 세심하게 작업하기 바란다.

(7) 코일을 전자강판 위에 30° 간격으로 접착

다음은 완성된 코일을 그림 3.20을 참고하여 전자강판 위에 30° 간 격으로 한쪽 면에 12개 접착한다. 접착제로는 에폭시계를 사용하고, 실패했을 때 다시 감을 것을 대비하여 전자강판 위에 크래프트지의 접착 테이프를 붙인 다음, 그 위에 코일을 접착하는 것도 한 방법일 수 있다. 그러나 이 방법은 내구성에 문제가 있으므로 최종

그림 3.19 손수 만든 간단한 권선 기구

그림 3. 20 코일 배치와 배선

그림 3. 21 프레임 위의 전자강판에 코일을 접착한 모습

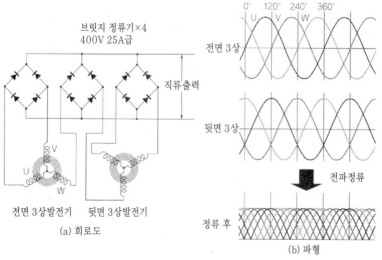

(a) 회로도

(b) 파형

그림 3.22 2조의 3상발전기와 3상정류회로 및 정류파형

적으로 전자강판 위에 직접 접착하는 방법이 좋을 것으로 생각된다. 권선의 접착 방법은 한쪽 면에서 3상을 출력하므로 그림 3.22와 같이 단지 스타 접속하면 된다. 그림 3.21은 프레임 위의 전자강판에 코일을 접착한 모습이다.

(8) 조립

이것으로 발전기의 모든 부품이 마련되었다. 드디어 조립할 차례인데, 로터가 양면 코일 중앙에 오도록 로터 축 양쪽에 링상의 스토퍼를 부착한다. 이 스토퍼는 $\phi 17\,mm$의 알루미늄 파이프를 절단하여 제작하며, 그 길이는 계산상 $9\,mm$이지만 조립한 후에 약간의 조정이 필요하다.

전술한 바와 같이 네오디뮴 자석은 매우 강력한 흡인력을 가지고 있다. 따라서 로터 축을 프레임의 베어링에 꽂아 넣으면 그것을 다시 꺼내기는 쉽지 않다. 그래서 프레임에서 로터를 서서히 삽입하거나 끌어내기 위한 도구를 제작할 필요가 있다. 이 도구는 그림 3.23과 같은 형상이고, 이 도구를 프레임에 고정시킨 다음 중앙 볼트를 이용하여 로터축을 밀어내도록 한다.

(9) 회전 상태의 확인

이상으로 발전기도 완성되었다. 출력의 부하를 ON하면 로터는 토크의 난조로 인한 코깅도 없이 원활하게 회전한다. 이 도조는 마그넷이 양면에 붙어 있으므로 흡인력이 상쇄되어 베어링에 힘이 작용하지 않는다. 따라서 무부하 때의 회전은 매우 원활하다.

그림 3.23 로터를 삽입하거나 또는 끌어내는 도구

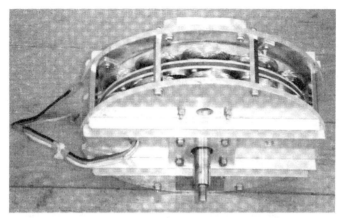

그림 3.24 500W급 다이렉트 드라이브 발전기

다음에 한쪽 출력을 쇼트하여 보면 순간적으로 로터의 회전이 무거워지는 것을 알 수 있다. 로터 양면에 붙어 있는 마그넷은 11.25° 엇갈리게 배치하였으므로 두 3상출력은 45°의 위상차가 있다. 각 출력을 전파정류(全波整流)함으로써 맥류(pulse wave)가 적은 직류전압을 얻을 수 있다.

그림 3.24는 완성된 발전기의 모습이다. 중량이 약간 무겁기는 하지만 로터는 처음에 예상한 바와 같이 마그넷의 흡인력이 상쇄되기 때문에 원활하게 회전하며, 초기 토크가 작은 것이 확인되었다. 따라서 풍력발전기로 사용한 경우 컷인 풍속이 상당히 작아지는 것을 기대할 수 있다.

완성된 발전기는 로터 두 면의 마그넷 위치를 약간 비켜 놓아 위상을 45° 어긋나게 하였으므로 브러시형 정류기 3개를 사용하여 전파(全波) 정류함으로써 맥류가 적은 직류 전압을 얻을 수 있다.

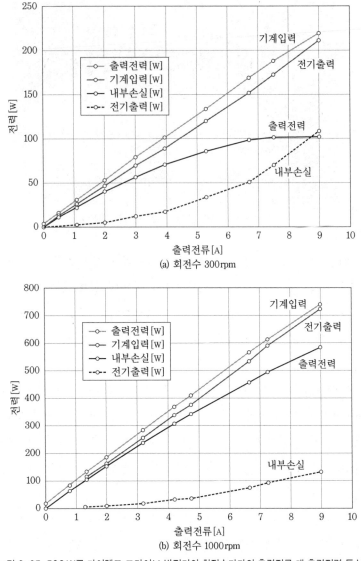

(a) 회전수 300rpm

(b) 회전수 1000rpm

그림 3. 25 500 W급 다이렉트 드라이브 발전기의 회전수마다의 출력전류 대 출력전력 특성

3.2.3 500 W급 발전기의 특성

이 상태에서 바로 전기적 특성을 측정하여 본다. 그 결과 그림 3.25와 같은 특성을 얻었다. 그림에서 가로축은 발전기에서 얻어내는 출력전류, 세로축은 전력이다. '기계입력'이라는 것은 발전기를 모터로 구동하였을 때의 회전수와 토크로부터 산출한 에너지를 전력으로 환산한 것이고, '전기출력'은 발전기에서 발생하는 전력, '출력전류' 는 발생한 전력 중에서 발전기 출력단자에서 얻을 수 있는 전력, '전력손실'은 발전기 자체의 권선 저항이라든가 와전류 등으로 소비되는 전력을 말한다.

그림 3.25 (a)와 같이 발전기축 회전수가 300 rpm일 때 출력전류는 7A이고 출력전압은 약 15 V, 출력전력은 약 100 W로 되었다. 회전수 300 rpm으로 100 W의 출력을 획득할 수 있다면 고속형의 블레이드로 지름 1.6 m 정도의 로터 블레이드의 사용이 가능하다.

또 그림 3.25 (b)와 같이 회전수를 1000 rpm으로 하여 출력전류를 7A로 하면 출력전압은 약 70 V로 되고, 출력전력은 약 500 W 가까이 얻을 수 있다.

이 발전기에 사용하는 로터 블레이드의 크기는 지름 약 1.2~1.6m로 예정하였으므로 고속형 블레이드라면 회전수는 최대 1000~1500 rpm으로 생각할 수 있다. 따라서 500 W 이상의 출력을 기대할 수 있다.

그림 3.26은 발전기의 구동 회전수를 기준으로 하여 출력전류와 출력전압의 관계를 기록한 것이다.

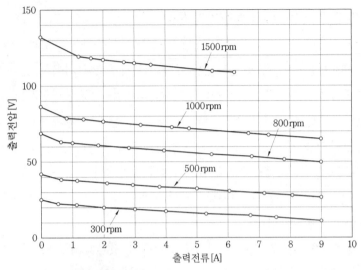

그림 3. 26 500 W급 다이렉트 드라이브의 발전기의 회전수마다 출력전류 대 출력전압 특성

3.2.4 부속 기구의 제작

이상으로 발전기 제작에 대하여 기술하였다. 실제로 이 발전기를 풍력발전기로 가동하려면 폴에 장치하기 위한 기구와 방향을 정하는 꼬리날개, 출력을 끌어내기 위한 슬립링 등의 부속 기구가 필요하다.

(1) 꼬리날개를 장착하는 기구

지주는 공사용 발판 파이프를 사용하기로 하고, 부속 기구를 제작하기로 하겠다. 그림 3.27은 그 구조도이다. 이 부분은 프로펠러 블레이드를 항상 바람에 대하여 직각으로 지향시키기 위한 꼬리날개 장착과 발전기에서 발생한 3상전력을 정류하여 +−의 직류로 변환한 후에 슬립링을 거쳐 외부로 끌어내는 기구, 그리고 풍력발전기

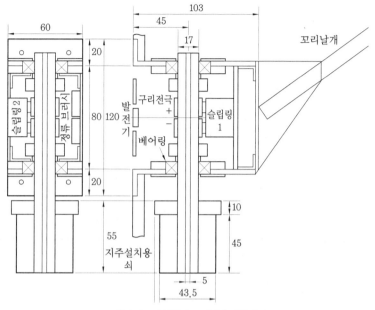

그림 3. 27 슬립링과 꼬리날개 장착기구

(a) 전동공구용 브러시와 슬립링용 전극

(b) 자동차용 올터네이터 브러시

그림 3. 28 슬립링과 브러시

를 타워(지주)에 장치하기 위한 부품 등으로 구성된다.

먼저 이 부분의 축에는 발전기와 3장의 블레이드 무게가 실리므로 $\phi17$ mm의 스테인리스 막대를 사용한다. 그와 동시에 발전한 전력을 끌어내기 위해 축봉 중심에 $\phi5$ mm의 구멍을 내고 슬립링 전극에서 이 구멍을 거쳐 전력을 끌어내도록 한다.

(2) 슬립링

글립링의 브러시는 그림 3.28과 같은 전동 공구 등에 사용되는 모터용 브러시를 사용한다. 그러나 AC100 V용 브러시는 접동부의 전기저항이 약간 크기 때문에 이 부분에 열이 발생하여 손실이 큰 것을 알았다. 그래서 자동차용 발전기에 사용되는 브러시를 구입한 다음 추가로 병렬 결합하였다. 구조도(그림 3.27)의 슬립링 1은 처음에 장치한 것이고 슬립링 2는 추가한 것이다.

슬립링 전극은 ϕ17 mm 축에 전기적으로 절연하여 장치할 필요가 있으므로 절연 테이프를 감은 위에 구리제 전극을 접착제로 고정하였다. 그림 3.29가 전극을 결합한 축의 모습이다.

풍력발전기를 설치하는 지주(支柱)는 가급적 비용을 절약하기 위해 공사 발판용 파이프를 사용하는 것이 좋다. 파이프의 지름은 48.5 mm이지만 살 두께가 2.5 mm나 되므로 안지름이 ϕ43.5 mm가 된다. 이 파이프에 쑥 들어가는 부품이 필요하므로 ϕ50 mm의 알루미늄 봉을 깎아 제작한다. 이 밖의 부품들은 2~3 mm 두께의 L형 알루미늄과 알루미늄 평판을 줄톱으로 절단하여 제작한다. 그림 3.30 (a)는 이 부분의 완성된 그림이고, 발전기를 결합하면 그림

그림 3. 29 슬립링용 전극을 결합한 축

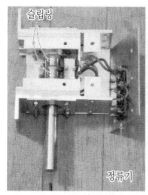

(a) 슬립링과 정류기 등

(b) 완성된 발전기

그림 3. 30 슬립링과 정류기를 내장하여 완성된 발전기

3.30 (b)처럼 된다.

(3) 커버

풍력발전기는 폴 위에서 강풍과 비바람에 견디게 되므로 적절한 커버가 필요하다. 여기서는 FRP를 사용하여 그림 3.31과 같은 커버를 제작하였다.

이것으로 풍력발전기는 완성된 셈이다. 그림 3.32는 이 발전기에 발포 스티로폼으로 제작한 지름 1.2 m의 경량 블레이드를 장착하여 풍력발전기로 동작하고 있는 모습이다. 이 풍력발전기로 어느 정도 발전할 수 있는가를 시험해 보았다. 그림 3.33은 풍력발전기 가까이에 풍속계를 설치한 다음 바람이 약간 강한 계절에 10분간의 평균풍속과 10분간의 평균발전량을 측정하여 그래프로 작성한 것이다. 그래프를 통하여 알 수 있듯이 풍속이 6 m/s이면 발전량은 약 50 W, 풍속이 8 m이면 발전량은 약 100 W를 얻을 수 있다.

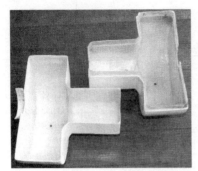

그림 3. 31 FRP로 제작한 커버

그림 3. 32 완성된 500 W급 다이렉트 드라이브
풍력발전기

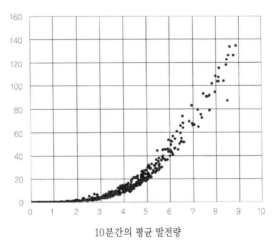

10분간의 평균 발전량

그림 3. 33 그림 3.24의 풍력발전기 발전특성

3.3 700 W급 풍력발전기의 제작

500 W급 발전기를 제작한 경험을 토대로, 이제 한 걸음 더 나아가 보기로 하자. 지금부터 소개하는 발전기는 회전수 800~1000 rpm로 약 500~600 W의 출력이 가능한 발전기이다. 처음에 제작한 발전기와 기본 구조는 같지만 이제까지 없었던 부품을 사용할 수 있게 되었으므로 어느 정도 안정된 발전기를 만들 수 있을 것이다.

3.3.1 문제점과 해결책

여기서 소개하는 발전기는 3.2에서 소개한 500 W급 발전기와 기본적으로는 마찬가지이지만, 다음과 같은 점이 다르다.

가) 평각선을 권선으로 사용했다.

나) 베어링의 장치 방법을 변경했다.

다) 측면에 케이스를 부착했다.

(1) 평각선을 권선으로 사용

이제까지 권선 코일로는 $\phi 0.7$ mm의 폴리우레탄 선을 사용하고, 전자강판의 형상에 맞추어 납작하게 감았다. 그러나 권선 코일의 폭이 3 mm로 좁고 권선 밀도가 향상되지 않으며 권선하는 데도 어려움이 있었다.

평각선은 그림 3.35와 같다. 이 동선(銅線)이라면 쉽게 권선할 수 있을 뿐만 아니라 권선 밀도도 높일 수 있다. 또 전번에는 마그

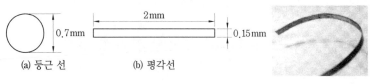

(a) 둥근 선　　　　(b) 평각선

그림 3. 34 권선의 단면　　　　　　그림 3. 35 평각의 폴리우레탄 선

넷과 전자강판 사이에 코일을 설치하였지만, 코일은 3 mm 두께로
감고 1 mm의 갭을 두도록 했었다. 그러나 이 평각선을 사용한다면
코일을 2 mm 두께로 할 수 있으므로 갭을 작게 할 수 있어 발전효
율의 향상을 기대할 수 있다.

(2) 베어링 장치 방법의 변경

처음에 제작한 발전기와 두 번째 발전기의 다른 점은 베어링을
장치하는 방법이다. 이전에는 베어링을 두 프레임 판에 각각 붙였
지만 마그넷의 흡인력이 강하기 때문에 로터를 떼어낼 때 고생을

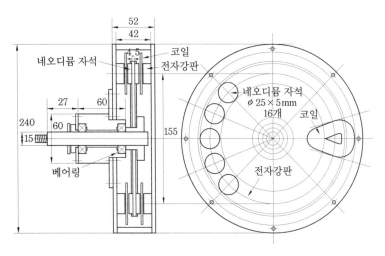

그림 3.36　700 W급 다이렉트 드라이브 발전기의 구조

했었다. 그래서 이번에는 베어링을 한쪽으로 몰아서 배치했다. 그림 3.36이 전체의 구조도이다. 전술한 500 W급 발전기보다 지름을 20 mm 크게 240 mm로 함으로써 출력 향상을 도모했다.

3.3.2 제작 순서
제작하는 순서와 요령은 다음과 같다.

(1) 재료 수집
표 3.2가 부품표이다. 네오디뮴 자석과 코일용 전선이 약간 특수하지만 이 밖의 것은 대체로 쉽게 구할 수 있다. 처음에 소형 탁상용 선반을 이용하여 회전축과 베어링을 끼우는 부품 등(그림 3.37)을 제작한다. 베어링을 끼우는 부품은 $\phi 60$ mm×60 mm 길이의 알루미늄 봉을 깎아 제작하면 된다. 이 부분은 정밀도가 요구되므로 베어링에 꼭 맞는 구멍을 뚫을 수 있도록 신중하게 절삭해야 한다.

표 3.2 700 W급 다이렉트 드라이브 발전기의 부품표

품 명	치수·시방 등	수량	비 고
네오디뮴 마그넷	f25×5 mm	32개	
방향성 전자 강대	10 mm폭	3~5kg	
알루미늄 판	400×300×5 mm	2~3매	
	400×300×2 mm	1~2매	
강판	300×300×3.6 mm	1장	
축용 스테인리스 봉	f15×130 mm	1개	
베어링	안지름 f15×바깥지름f32×폭9 mm	1개	
	안지름 f15×바깥지름f35×폭11 mm	1개	
알루미늄 봉	f50×40 mm	2개	로터용
	f60×60 mm	1개	베어링 장치용
평각 폴리우레탄 선	0.15×2 mm	1kg	권선용
높은 너트	M4×42 mm(45 mm를 절단)	8개	프레임 고정용
나사류	M3 및 M4의 비스와 너트 각종	적당량	
FRP 케이스 재료	수지, 유리섬유 등	적당량	

그림 3.37 축과 베어링 장치용 부품

마찬가지로 회전축으로는 $\phi15\,mm$의 스테인리스 봉을 절단하여 만들고 블레이드를 상착하는 부분에 M8의 나사 산을 낸다.

(2) 로터부의 제작

다음은 로터부(그림 3.38)를 제작한다. 로터는 지름이 185 mm 의 원반상 강판에 $\phi25\,mm$ 네오디뮴 자석을 한쪽 면에 16개 배치한 것으로, 강판 쪽에 2 mm 두께의 알루미늄을 자석의 가이드로

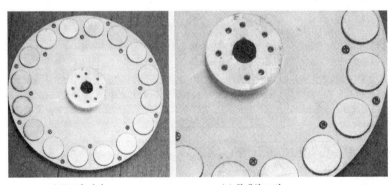

(a) 로터 전경   (b) 확대한 그림

그림 3.38 네오디뮴 자석을 붙인 로터

배치한 것이다. 4.5 mm 두께의 강판은 쉽게 구할 수 없으므로 잘 살펴보기 바란다. 이 강재를 핸드 그라인더로 절단한다. 이것을 축에 고정시키게 되는데, 이 부분에는 ϕ50 mm의 알루미늄 봉을 절단하여 그림과 같이 가공한다.

(3) 프레임의 제작

프레임은 앞의 예와 마찬가지로 5 mm 두께의 알루미늄 판을 지름 240 mm의 원형으로 절단하고, 2장의 프레임은 8개소에서 M4×42 mm의 긴 볼트를 사용하여 고정한다. 블레이드를 장착하는 쪽의 프레임은 중심부에 ϕ120 mm의 알루미늄을 겹쳐서 강도 향상을 도모한다. 프레임은 앞면과 뒷면용의 2장을 제작하되 앞·뒷면 프레임의 축 구멍과 장착 구멍의 위치는 정밀해야 한다.

(4) 전자강판을 프레임에 접착

다음은 전자강판을 바깥 둘레 지름 180 mm, 안지름 130 mm에 사전에 감은 다음 접착제를 사용하여 프레임에 고정한다. 물론 알루미늄 프레임의 전자강판을 접착하는 부분은 마그넷의 흡인력이 작용하므로 약간 거친 샌드 페이퍼로 표면을 문질러 접착력을 향상시킨다.

마그넷과 전자강판 사이에 코일을 감아야 하는데, 코일은 2 mm 폭의 평각선을 사용하므로 1.5 mm의 갭을 설정하면 앞뒤 프레임 간의 거리는 41.5 mm(로터 두께 14.5 mm, 전자강판 10 mm×2, 코일 2 mm×2, 갭 1.5 mm×2)로 된다. 따라서 앞뒤 프레임 간의 거리를 결정하는 볼트의 길이는 41.5 mm가 되므로 M4×45 mm 너트 양단을 1.75 mm씩 절단하여 사용한다.

(5) 측면 틀의 제작

500 W 발전기에서는 프레임 테 사이의 측면이 개방되었다. 그 때문에 발전기 전체를 FRP로 만든 케이스로 씌웠지만, 이 700 W 급 발전기에서는 이 부분에 FRP로 만든 측면 테(그림 3.39)를 만들었다. 이렇게 발전기를 밀폐하면 케이스를 만들 필요가 없이 표면의 도장만으로 사용할 수 있다. 이 측면 테를 만들려면 약간 고생을 하게 되겠지만 강도 향상과 침수 방지에 기여할 수 있다.

FRP에 의한 프레임은 프레임 테와 구멍 위치가 꼭 같은 것을 만들어야 한다. 이 FRP 프레임은 1.5~2 mm 두께의 알루미늄 판을 잘라서 중심부에 약 200~280 mm의 구멍을 낸 도너츠상의 금속 부품이다. 그리고 앞서 제작한 41.5 mm의 볼트로 전후 프레임을 고정한다. 측면에는 폴리에스텔이 라미네이팅된 두꺼운 종이를 감은 다음 셀로판 테이프로 고정한다. 이것으로 FRP 케이스를 만드는 준비는 완료되었다. 물론 제작한 알루미늄 프레임과 라미네이트 종이에는 폴리페놀계 이형제를 칠한 다음 내부에 붙여 FRP로 가공한다. 이 가공 공정은 FRP에 의한 블레이드 제작과 마찬가지이므로 자세한 설명은 제5장을 참고하기 바란다.

(6) 코일 제작

평각선(flat type wire)을 사용하므로 제작은 매우 간단하다. 간단한 권선 기구로 그림 3.40과 같은 권선 코일을 24개 제작한다. 평각선을 사용하므로 낭비가 없고 코일 1개당의 권수는 96회가 된다.

그림 3.39 FRP로 제작한 측면 테

그림 3.40 평각선으로 감은 권선 코일

(a) 코일을 부착한 모습

(b) 각 코일의 확대 그림

그림 3.41 FRP제의 측면 테에 코일을 고정한다

(7) 코일을 전자 강판에 접착

제작한 코일은 사진 3.41처럼 전자 강판 위에 에폭시계 접착제로 접착한다. 한쪽 면에 12개를 접착하므로 양쪽 24개가 된다.

마지막으로 그림 3.42와 같이 3상출력을 얻을 수 있도록 접속하면 된다.

(8) 이제는 전체의 조립이다.

그림 3.43이 조립한 후의 모습이다. 500 W급 제작에서도 설명했지만 네오디뮴 자석의 흡인력은 매우 강력하므로 신중하게 다루어

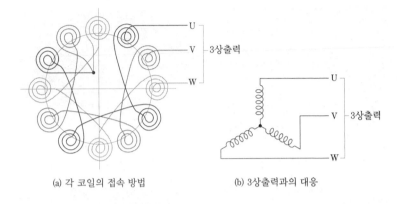

(a) 각 코일의 접속 방법 　　　　　(b) 3상출력과의 대응

그림 3.42 코일의 배치와 배선도

그림 3. 43 완성된 700 W급 다이렉트
드라이브 발전기

야 한다. 완성된 프레임에 로터를 부착할 때는 필요한 용구를 사용하여 신중하게 작업해야 한다.

(9) 회전 테스트

앞에서 설명한 500 W급 발전기와 마찬가지로, 양면의 3상출력을 브리지 정류소자로 전파 정류하면 직류 출력을 얻을 수 있다. 이

것으로 700 W급 발전기는 완성된 셈이다.

3상출력의 단자를 오픈하여 로터축을 들리면 유연하게 회전한다. 그리고 출력단자를 쇼트하면 매우 무거워져 손으로는 돌릴 수 없다.

3.3.3 700 W급 풍력발전기의 특성

500 W급 발전기 때와 마찬가지로 이제 완성된 발전기의 성능을 측정하여 보자. 그림 3.44가 측정 결과이다. 회전수가 300 rpm일 때 출력전류가 약 6A이고 출력전력은 약 160 W를 얻는다. 또 회전수를 1000 rpm로 높이면 출력전류 6A에서 출력전력은 약 700 W로 늘어나는 것을 알 수 있다. 지난 번의 500 W급 발전기에 비하면 권선 코일의 빈 틈이 작아 권수를 늘릴 수 있었고, 마그넷과 전자강판의 간격을 좁게 한 것이 출력 증가로 이어졌다고 믿어진다.

이와 같은 특성이면 지름 1.6m급의 블레이드도 사용할 수 있다. 적절한 강풍 대책만 강구한다면 지름 2 m의 블레이드도 사용 가능할지 모른다.

3.3.4 부속 기구의 제작

(1) 강풍 대책상 상방 경도형으로 한다

성능을 측정한 결과 기대 이상의 출력을 얻을 수 있는 것을 확인하였으므로, 이 발전기를 사용하여 지름 2m인 3장으로 된 블레이드를 장착하여 보았다. 물론 2m의 블레이드로 풍속이 11 m/s 이상이 되면 출력은 700 W 이상이 되므로 이 발전기로는 대응이 불가능하다. 이와 같은 강풍 때의 한 가지 대책으로 풍속이 8 m 이상이 되면 발전기 전체가 위쪽으로 기울어지는 상방 경도형을 채택하

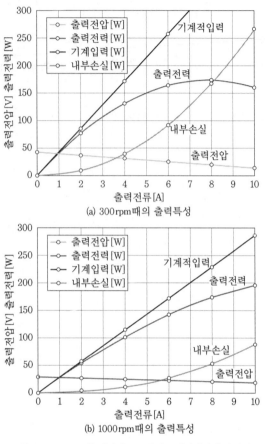

(a) 300 rpm때의 출력특성

(b) 1000 rpm때의 출력특성

그림 3.44 700 W급 다이렉트 드라이브 발전기의 측정 결과

는 것이 적절하다.

그림 3.45와 그림 3.46이 그 구조도이다. 15 mm 지름의 축으로 방향을 변화시킬 수 있으며, 발전기의 3상출력 정류와 슬립링, 지주 축의 베어링 등을 하나의 블록에 종합하여 발전기와 꼬리날개부를 경도축으로 받치는 형태로 하였다. 이렇게 하면 블레이드 로터에 대

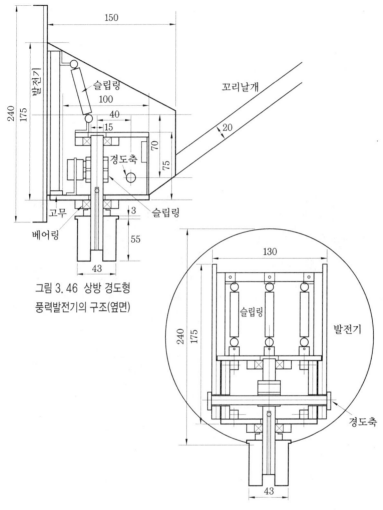

그림 3. 46 상방 경도형
풍력발전기의 구조(옆면)

그림 3. 46 상방 경도형 풍력발전기의 구조(뒤면)

한 바람이 강할 때 풍압으로 발전기 전체를 위쪽으로 경도시킬 수
있다.

이와 같은 주요 부분은 충분한 강도를 확보하기 위해 5 mm 두

께의 알루미늄 판을 가공하여 만든다. 또 강풍으로 로터 블레이드가 위쪽(상방)으로 경도한 후, 다음에 바람이 약해졌을 때 쉽게 회복시키기 위해 스프링을 사용하고 있다. 이 스프링으로 위쪽으로 경도를 시작하는 풍속을 조정할 수도 있다. 발전기 전체를 위쪽으로 경도시키는 축으로는 10 mm 지름의 스테인리스 봉을 사용한다.

그림 3.47 로터리 댐퍼

(a) 옆에서 본 모습

(b) 비스듬이 위에서 본 모습

(c) 위에서 본 모습

그림 3.48 상방 경도형 풍력발전기의 모습

(2) 불합리한 부분에 대한 대책

이 발전기를 완성시킨 후에 실제로 가동하여 그 상태를 감시한 결과 약간의 불합리한 점이 발견되었다. 그것은 강풍이 불어 발전기가 위쪽으로 경도한 후 갑자기 바람이 약화되었을 때 슬립링에 의해서 정상 상태로 복원하려고 하기 때문에 블레이드 로터의 회전에 따른 관성 모멘트가 작용하여 발전기의 방향이 바람에 대하여 정면으로 향하지 않고 옆으로 향하는 문제가 발생하였다. 슬립링이 없었다면 이 문제는 발생하지 않을 것이라 생각되지만, 그렇게 하면 이번에는 정상 위치로 복원하는 데 시간이 오래 걸릴 것이다.

그래서 발전기의 방향이 쉽게 돌지 않도록 하기 위해 지주 축에 그림 3.47과 같은 로터리 댐퍼를 삽입하였다. 그림 3.50이 로터리 댐퍼를 삽입한 구조도이고, 그림 3.48은 내부의 모습이다. 로터리 댐퍼는 급속한 회전을 억제하는 작용을 하므로 바람의 방향이 변해도 서서히 방향을 변화시키는 기능이 있다. 즉, 관성 모멘트가 작용하여도 방향을 급속하게 바꾸지 않으므로 매우 안정된 동작을 하는 것을 확인했다.

그림 3.49는 완성된 발전기의 모습이다. 풍력발전기는 바람, 눈비, 태양광 등 가혹한 환경에서 동작한다. 따라서 제작한 발전기는 완전한 방수 구조라고 하기에는 미흡하므로 비바람이 심한 경우에는 침수할 가능성이 있다. 그러므로 이 경우에는 전체를 접착형 알루미늄 은박으로 덮으면 된다. 0.1 mm의 약간 두꺼운 알루미늄 은박지를 발전기 주위와 나사 조임 부분에 잘 덮어 씌우고 그 위에 아주 투명한 락카 스프레이로 도장하는 것이 좋다.

(a) 앞에서 본 그림   (b) 뒤에서 본 그림

그림 3. 49 완성된 700 W급 다이렉트 드라이브 풍력발전기

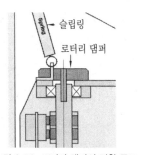

그림 3.50 로터리 댐퍼의 결합 구조

그림 3. 51 700W급 다이렉트 드라이브
풍력발전기

3. 3. 5 시운전

그림 3.51은 지름 2 m의 고속형 3장 블레이드를 장착한 풍력발
전기이다. 이 발전기를 바람이 약간 강한 날에 측정한 결과가 그림

3.52이다. 이 그림은 풍속계로 1분간의 평균 풍속을 측정하고, 동시에 그 사이에 발전한 평균 전력을 측정함으로써 평균 풍속에 대한 발전량을 기록한 것이다. 또 가는 선은 이론적으로 파워계수 $C_P=0.35$로 하여 계산한 출력 곡선이다. 이 그림을 보면 상당히 효율이 좋은 발전기인 것을 알 수 있다.

그림을 보아서도 확인할 수 있겠지만, 풍속 3m/s에서 발전하여 풍속 6m/s에서 약 150 W를 얻을 수 있고, 풍속이 8m/s가 되면 출력은 약 250 W에 이른다. 그러나 8m/s가 되면 로터 블레이드가 위쪽으로 기울기 시작하기 때문에 출력의 포화가 시작된다. 풍속이 10m/s 이상이 되면 출력은 약 350 W에서 포화 상태가 된다. 즉, 강풍 상태가 되어도 로터 블레이드는 위쪽으로 경도하여 과회전으로 인한 파손을 막을 수 있다.

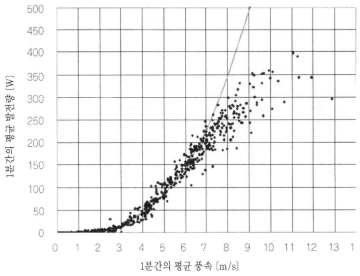

그림 3. 52 상방 경도형 풍력발전기의 실측 특성(지름 2m의 3장 블레이드)

제 **4** 장

로터 블레이드의 설계와 제작

4.1 블레이드의 기초 지식

풍력발전기에서 가장 중요한 부분은 프로펠러 즉 풍차 블레이드이다. 풍력발전에 사용되는 풍차는 터빈이라고도 할 수 있으며 고속으로 회전하게 된다. 고속으로 회전하기 때문에 예상 외로 큰 원심력이 작용한다. 따라서 블레이드는 강도뿐만 아니라 효율을 좋게 하기 위해 그 날개의 형상이 매우 중요하다. 또 한 개를 만드는 것이 아니라 여러 개 즉 2개 또는 3개를 만들어 사용하기 때문에 밸런스의 정밀도를 높일 필요도 있는 등, 많은 과제를 안고 있다.

4.1.1 블레이드의 기초 지식

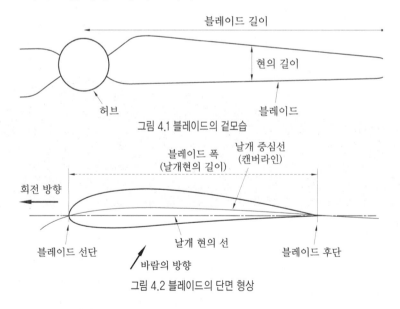

그림 4.1 블레이드의 겉모습

그림 4.2 블레이드의 단면 형상

그림 4.1은 블레이드의 겉모습이다. 일반적으로 블레이드의 단면 형상은 그림 4.2와 같이 앞쪽 끝 부분은 둥근 형상이고, 뒤쪽 끝 부분은 날카로운 형상이며 윗면의 만곡이 아랫면(바람을 받는 쪽) 보다 큰 편이다. 그리고 블레이드의 윗면과 아랫면에서 같은 거리에 있는 선을 중심선 또는 캠버라인(camber line), 전단과 후단의 돌출단을 연결하는 선을 익현선(翼弦線)이라고 한다. 따라서 날개형의 윗면과 아랫면의 형상이 대칭인 날개형 즉 대칭 날개의 캠버는 0이 된다.

(1) 블레이드 선단 스피드 V_b, 바람의 속도 V_W, 주속비 λ

이제 이 블레이드에 실제로 바람이 부딪쳐 블레이드가 회전하고 있는 상태를 생각해 보자. 그림 4.3은 로터 블레이드가 바람에 대하여 90°로 회전하고 있을 때 상대적인 바람의 방향을 표시한 것이다. 고속으로 회전하는 블레이드 선단의 스피드 V_b와 바람의 속도 V_W의 비율은 주속비 λ로 정의되고 있다. 즉, 다음 식과 같다.

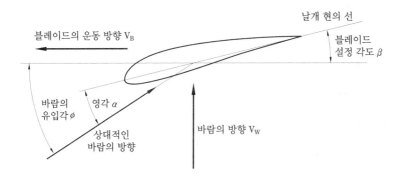

그림 4.3 로터 블레이드가 바람에 대하여 90°로 회전하고 있을 때의 상대적인 바람 방향

$$V_b = \lambda V_W \cdots\cdots\cdots\cdots\cdots\cdots\cdots\cdots\cdots\cdots\cdots\cdots\cdots\cdots (4.1)$$

프로펠러형 풍차의 주속비는 일반적으로 5~8이므로 상대적인 바람의 유입각은 5~20°로 작아진다.

(2) 영각 α

상대적인 바람의 방향과 블레이드의 현 길이, 선 각도를 영각 α(angle of attack)라 하며, 이 각도에 따라 블레이드에 작용하는 양력이 크게 변화한다. 프로펠러형 풍차의 원리에서도 기술한 바와 같이, 이 영각을 변화시켰을 때 양력은 0~15° 사이에서는 각도와 더불어 크게 되지만 15~18°를 넘으면 실속(stall)하여 급속하게 양력이 떨어신다. 이 상태는 블레이드의 경계층이 떨어져 나가 실속하거나 블레이드 후면에 소용돌이의 큰 흐름이 형성되기 때문인데, 항력(drag)이 매우 커진다.

이와 같은 연유로 상대적인 바람의 방향에 대한 풍차 블레이드의 설정 각도 β(setting angle)는 영각이 최적점이 되도록 조절할 필요가 있다. 블레이드의 운동 방향에 대한 블레이드의 각도는 그림 4.3으로부터 다음 식으로 결정한다.

$$\beta = \phi - \alpha \cdots\cdots\cdots\cdots\cdots\cdots\cdots\cdots\cdots\cdots\cdots\cdots\cdots\cdots (4.2)$$

여기서 α는 영각, β는 블레이드 설정 각도, ϕ는 바람의 유입각

일반적으로 블레이드는 고속으로 회전하므로 블레이드 선단의 상대적인 바람의 각도는 20° 이하의 작은 값이 된다. 따라서 영각 α는 10° 이하의 작은 값으로 설정된다.

주속비는 블레이드 선단의 속도와 바람 속도의 비율이므로 이 값은 블레이드의 위치에 따라 다르게 된다. 그림 4.4에서 각 위치의

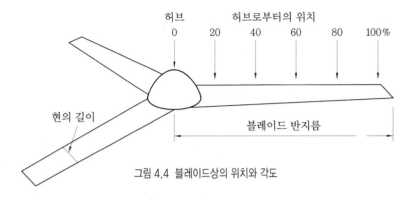

그림 4.4 블레이드상의 위치와 각도

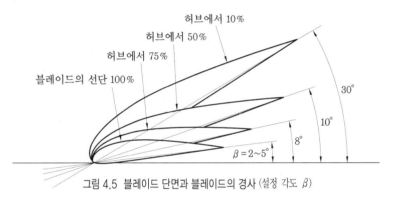

그림 4.5 블레이드 단면과 블레이드의 경사 (설정 각도 β)

주속비는 국소 주속비라고 한다.

풍차에 사용되는 블레이드의 형상은 허브에 가까운 부분은 국소 주속비가 작고, 선단으로 나갈수록 주속비가 커진다. 따라서 경사각(비틀림각)은 선단에서는 작고, 허브에 가까운 부분은 커지게 되는 비틀림을 부여된다. 그림 4.5는 그 모습을 나타낸 것이다.

일반적으로 캠버(날개의 휘어짐)를 크게 할수록 실속하는 영각이 증가함과 동시에 얻어지는 최대 양력계수도 증가한다. 그러나 동시에 저항도 증가하므로 최근의 민간 제트 여객기 같은 고속기는 캠버가 작은 날개형을 많이 채용하고 있다.

4.1.2 블레이드의 날개 형상

(1) 대표적인 NACA형 및 Clark-Y형

블레이드의 날개 형상은 항공기의 날개 형상과 같다. 제2차 세계대전 이후 최적한 날개 형상에 관한 연구가 거듭되어 많은 우수한 성능의 날개형이 만들어졌다. 그중에서도 미국의 항공자문위원회(National Advisory Committee for Aeronautics, 약칭 NACA)가 개발한 날개형이 유명하다.

그림 4.6은 대표적인 미국 NACA형 및 Clark-Y형의 날개 단면도이다. NACA 4406~4424는 날개 단면의 두께가 다른 것인데, 일반적으로 NACA 4412~4418이 많이 사용되고 있다.

그림과 같이 날개의 형상은 날개 두께가 작은 것과 큰 것이 있으며, 날개 두께는 작은 것이 좋을 것으로 생각된다. 그림 4.7은 두께가 얇은 NACA 4412와 두꺼운 NACA 4424의 특성을 비교한 것인데, 양력계수 C_L에 큰 차이는 없지만 항력계수 C_D는 두께가 큰 NACA 4424가 약간 크다. 하지만 날개의 두께에 따라 특성은 그다지 큰 차이가 없는 것을 알 수 있다.

(2) 블레이드의 테이퍼

일반적으로 블레이드를 설계할 때, 큰 주속비를 얻기 위해서는 날개 선단부 현의 길이를 작게 할 필요가 있다. 또 블레이드 길이 방향의 현폭은 그림 4.8에 보인 바와 같이 테이퍼(taper)가 있는 블레이드, 현 길이가 같은 블레이드(테이퍼 없는 것), 역테이퍼형 블레

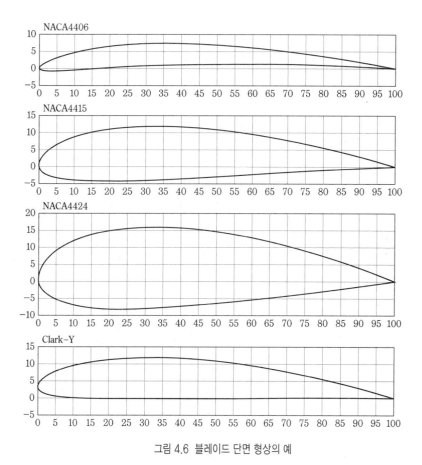

그림 4.6 블레이드 단면 형상의 예

이드 등을 생각할 수 있다. 일본 미애대학(三重大學)의 실험에 의하면 다음과 같은 결과가 보고되었다고 한다. 즉, 테이퍼가 있는 블레이드는 회전수가 높은 때에 가장 큰 파워계수를 나타내지만 토크는 다른 블레이드 형상에 비해 작아졌다. 요컨대 낮은 토크, 고회전 블레이드라 할 수 있다. 또 풍향 변동으로 회전면이 변동하였을 때 출력이 예민하게 변동하며, 낮은 풍속에서는 기동성이 나쁜 결과를

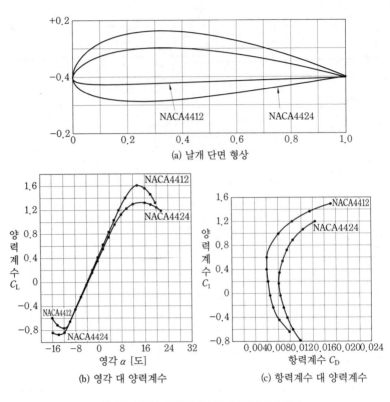

(a) 날개 단면 형상

(b) 영각 대 양력계수

(c) 항력계수 대 양력계수

그림 4.7 NACA 4412와 NACA 4424의 특성 비교

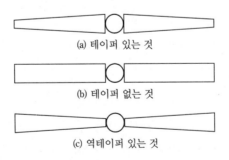

(a) 테이퍼 있는 것

(b) 테이퍼 없는 것

(c) 역테이퍼 있는 것

그림 4.8 블레이드의 테이퍼

얻었다.

한편 테이퍼가 없는 현의 길이가 같은 형의 블레이드는 파워계수가 약간 작아지기는 하지만 토크가 가장 크고 주속비가 작아진다. 요컨대 토크로 출력을 살린 형상의 블레이드라고 할 수 있다. 또 회전면의 경사각도 변화에 대한 출력 변동은 둔감하게 되므로 풍속과 풍향의 변동에 대해서도 출력 변동은 비교적 둔감하게 된다. 그리고 기동 토크는 테이퍼가 있는 블레이드에 비해 크므로 비교적 풍속·풍향의 변동이 크고 평균 풍속이 낮은 지역에서는 이 형상의 블레이드를 장착한 풍차가 유효하다.

역테이퍼 블레이드에 관해서는 등현장형 블레이드에 준하는 경향을 나타낸다. 가급적 가볍고 튼튼하게 만든다는 의미에서는 테이퍼형 블레이드가 만들기 쉽고 또 동작도 안정적이라 할 수 있다.

4.2 로터 블레이드의 설계

4.2.1 블레이드의 설계
(1) 풍차 블레이드의 설계와 레이놀드수

실제로 풍차 블레이드를 설계하는 경우에는 블레이드의 정확한 날개형 데이터가 필요하다. 그리고 주어진 블레이드 날개 길이에 대하여 블레이드 선단의 주속비, 블레이드 각 위치의 설정 각도, 날개 현 길이를 구할 필요가 있다.

블레이드의 설정 각도는 블레이드의 임의 위치에서의 주속비 λ 의 함수가 된다. 또 주어진 날개형의 양력계수와 항력계수는 실측 데이터가 발표된 것이 있다. 그 대표적인 예로 Clark-Y형의 날개 데이터를 표 4.1에, 특성은 그림 4.9에 보기로 들었다. 그림 (b)는 영각과 양력계수의 관계, 그림 (c)는 양력계수와 항력계수의 관계를 나타낸 것이다.

이 그림을 보아서도 알 수 있듯이, 레이놀드수(Reynolds number) N_{Re}의 값에 따라 크게 변화한다. 레이놀드수는 유체역학 분야에서 사용되는 관성력과 점성에 의한 마찰

표 4.1 Clark-Y형 날개형의 데이터

X좌표	Y좌표	
	위쪽	아래쪽
0.00	3.50	3.50
1.25	5.45	1.93
2.50	6.50	1.47
5.00	7.90	0.93
7.50	8.85	0.63
10.00	9.60	0.42
15.00	10.68	0.15
20.00	11.36	0.03
30.00	11.70	0.00
40.00	11.40	0.00
50.00	10.52	0.00
60.00	9.15	0.00
70.00	7.35	0.00
80.00	5.22	0.00
90.00	2.80	0.00
95.00	1.49	0.00
100.00	0.12	0.00

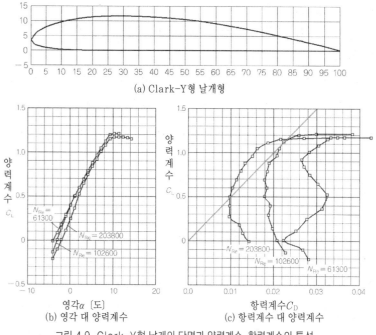

(a) Clark-Y형 날개형

영각 α [도]
(b) 영각 대 양력계수

항력계수 C_D
(c) 항력계수 대 양력계수

그림 4.9 Clark-Y형 날개의 단면과 양력계수, 항력계수의 특성

력과의 비율로 정의되는 무차원수(無次元數)이다. 레이놀드수가 작다는 것은 상대적으로 점성작용이 강한 흐름이고, 레이놀드수가 크다는 것은 상대적으로 관성작용이 강한 흐름이라는 뜻이다. 이 레이놀드수는 풍차 블레이드에서는 다음 식으로 정의된다.

$$N_{Re}=\frac{V_w C}{\nu}=66225\ VC \cdots\cdots\cdots\cdots\cdots\cdots\cdots\cdots (4.3)$$

여기서 N_{Re} : 레이놀드수, V_w : 바람의 상대속도 [m/s], C : 블레이드의 현 길이 [m], V : 동점성계수 [m²/s] (1기압 20℃의 공기에서 1.51×10^{-5})

예를 들면, 현의 길이 $C=100$ cm이고, 주속비 $\lambda=5$인 블레이드가 풍속 5 m/s로 회전하고 있는 경우, 블레이드 선단의 속도는

25 m/s로 된다. 따라서 위의 식에서

$$N_{Re}=66225 \times 25 \times 0.1=165560$$

로 된다.

그림 4.9의 특성도를 보아서도 알 수 있듯이, 레이놀드수가 작으면 양력에 큰 변화가 없지만 항력이 커지는 것을 알 수 있다. 블레이드의 회전속도가 작으면 레이놀드수는 작아지므로 항력이 커지고 회전 기동이 약하게 된다.

블레이드를 설계할 때는 블레이드의 크기와 주속비 등에서 레이놀드수를 배려할 필요가 있지만 일반적으로는 무시하여 $N_{Re}=100000$ 정도의 데이터를 바탕으로 설계하고 있다.

$N_{Re}=100000$이라고 하면 그림 4.9에서 C_L/C_D(양력비)가 최대가 되는 점은 그림 (c)의 가는선과 양력 항력선이 접촉하는 곳이므로 $C_L-1.1$, $C_D \fallingdotseq 0.022$가 된다. 즉, $C_L/C_D=50$이 된다. $C_L=1.1$에서의 영각 α를 그림 (b)에서 구하면 $\alpha=8°$이다. 즉, 영각을 8°로 설정했을 때 최대 출력을 얻을 수 있다.

이와 같은 값은 날개 형상에 따라 다르지만 보통은 양력계수 $C_L=1$, 영각 $\alpha=4\sim6°$로 설정하면 큰 오차는 없다.

(2) 주속비 λ

블레이드를 설계할 때 가장 중요한 요소로 주속비 λ를 들 수 있다. 주속비 λ는 블레이드의 회전 방향 속도와 풍속의 비로 정의되며, 다음 식으로 구할 수 있다.

$$\lambda=\frac{\pi n r}{30 V_w} \quad\text{..}(4.4)$$

여기서 V_w:풍속 [m.s] , n:풍차의 회전수 [rpm] , r:풍차 블레이드의 반지름 [m]

위의 식에서 주속비 λ가 작은 블레이드는 회전이 느리고 큰 토크를 발생하는 토크형 풍차가 된다. 반대로 주속비가 큰 블레이드는 회전수가 빠르고 고속형 풍차가 된다.

주속비가 작은 저속형 블레이드는 소음도 작고 컷인 풍속이 좋아지기는 하지만 발전기가 저회전으로 발전할 필요가 있다. 따라서 발전기의 로터 지름을 크게 할 필요가 있으므로 중량이 늘어나는 문제가 있다. 물론 기어나 벨트로 증속하는 방법도 있지만 구조적으로 복잡하게 되어 역시 중량이 늘어난다.

한편, 주속비를 크게 취하면 발전기와 블레이드의 설계·제작이 쉽지만 소음이 커지고 컷인 풍속이 커지는 문제가 있다.

보통 수평축 풍차의 주속비는 4~7로 설계된다. 표 4.2는 주속비를 작게 한 경우와 크게 한 경우의 장단점을 예거한 것으로, 주속비 λ의 값을 설정하는 데 있어 매우 중요하다.

표 4.2 주속비의 대소와 장점·단점

	주속비를 작게 한 경우($\lambda \leq 4$)	주속비를 크게 한 경우($\lambda \leq 7$)
장점	① 바람을 가르는 소음이 매우 작다 ② 풍속이 낮은 때의 기동성이 좋다 ③ 진동이 작아진다	① 고속이기 때문에 발전기를 소형화할 수 있고 경량화하기 쉽다 ② 블레이드 제작이 쉽고 경량화할 수 있다 ③ ①과 ②로 인하여 풍차 전체를 소형, 경량화할 수 있다 ④ 토크가 작으므로 전자 브레이크가 용이하다
단점	① 발전기를 직결한 경우 저속이기 때문에 낮은 회전으로 높은 토크형 발전기가 필요고 발전기의 중량도 커진다 ② 블레이드의 날개 현의 길이가 크므로 제작에 약간 어려움이 따른다 ③ 강풍 때의 과회전을 방지하기 위한 대책을 강구하기 어렵다	① 블레이드가 바람을 가르는 소음이 크다 ② 낮은 풍속 때 기동성(컷인)이 떨어진다 ③ 블레이드가 2장인 경우 특히 진동이 커진다 ④ 파워계수가 떨어진다

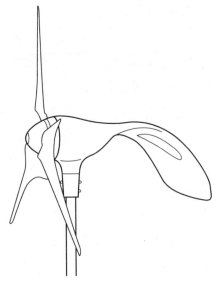

그림 4.10 Zephyr사가 판매하고 있는 500 W급 풍력발전기의 모습

그림 4.10은 Zephyr사가 판매하고 있는 500 W급 풍력발전기이다. 이 풍력발전기는 블레이드의 주속비를 극단적으로 크게 설계한 예이다. 주속비를 크게 취함으로써 블레이드의 경량화와 비교적 소형 발전기를 사용할 수 있는 것이 장점이다. 그러나 표 4.2와 같이 바람을 가르는 소음이 크고 컷인 풍속이 커지는 약점도 있다.

(3) 블레이드 각 위치에서의 설정 각도

바람이 가지고 있는 에너지를 로터 블레이드를 이용하여 끌어내는 것은 결과적으로 바람의 속도를 감소시키는 것이지만, 그렇다고 해서 바람이 가지고 있는 모든 에너지를 끌어내는 것은 아니다. 이 이론은 베츠(A. Betz)에 의해서 증명되었다.

풍차에 유입하는 풍속 V_w의 바람이 풍차 후방에서 $(1/3)V_w$가 되었을 때 풍차로부터 최대 출력을 얻을 수 있다. 이때 블레이드 근방의 속도는 $(2/3)V_w$로 된다는 사실이 베츠의 이론으로 밝혀졌다. 즉, 블레이드에 유입하는 바람은 블레이드가 회전하고 있으므로 상대적으로 그림 4.11과 같이 되지만, 블레이드로부터 에너지를 추출하기 때문에 $(2/3)V$로 된다. 그 결과 바람의 유입각 ϕ는 다음 식으로 구할 수 있다.

$$\tan \phi = \frac{2/3}{\lambda} \quad \cdots\cdots\cdots\cdots\cdots\cdots\cdots\cdots\cdots\cdots\cdots\cdots (4.5)$$

블레이드 선단의 주속비를 λ, 블레이드 날개 반지름을 R [m], 블레이드의 국소(局所) 반지름을 r [m], 국소 주속비를 λ_r라 하면

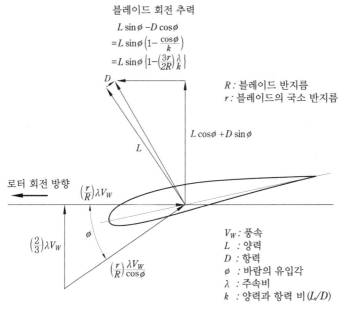

블레이드 회전 추력

$$L \sin\phi - D \cos\phi$$
$$= L \sin\phi \left(1 - \frac{\cos\phi}{k}\right)$$
$$= L \sin\phi \left\{1 - \left(\frac{3r}{2R}\right)\frac{\lambda}{k}\right\}$$

D

R : 블레이드 반지름
r : 블레이드의 국소 반지름

$L \cos\phi + D \sin\phi$

L

로터 회전 방향

$\left(\frac{r}{R}\right)\lambda V_W$

$\left(\frac{2}{3}\right)\lambda V_W$

ϕ

$\left(\frac{r}{R}\right)\dfrac{\lambda V_W}{\cos\phi}$

V_W : 풍속
L : 양력
D : 항력
ϕ : 바람의 유입각
λ : 주속비
k : 양력과 항력 비 (L/D)

그림 4.11 블레이드에 작용하는 힘

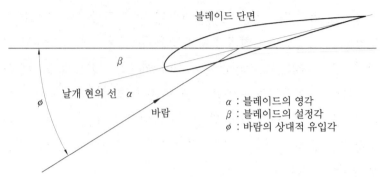

그림 4.12 블레이드의 국소에서의 설정각 β_r

$$\lambda_r = \frac{r}{R}\,\lambda \quad\cdots\cdots\cdots\cdots\cdots\cdots\cdots\cdots\cdots\cdots\cdots\cdots\cdots\cdots\cdots (4.6)$$

이 된다. 또 국소 반지름 r에서의 바람의 유입각 ϕ_r는 다음 식으로 구할 수 있다.

$$\phi_r = \left(\frac{2}{3}\right)\tan^{-1}\left[\frac{1}{\lambda_r}\right] \quad\cdots\cdots\cdots\cdots\cdots\cdots\cdots\cdots\cdots\cdots (4.7)$$

바람의 국소 유입각 ϕ_r를 구하면 블레이드의 국소에서의 설정각 β_r는 그림 4.12의 관계에 의해서

$$\beta_r = \phi_r - \alpha \quad\cdots\cdots\cdots\cdots\cdots\cdots\cdots\cdots\cdots\cdots\cdots\cdots\cdots (4.8)$$

로 구할 수 있다. 블레이드의 각 위치에서의 설정 각도는 위의 식에 의해서 구할 수 있다.

(4) 블레이드의 날개 현의 길이

다음에 블레이드의 날개 현의 길이 C_r를 구할 필요가 있다. 블레이드 각 위치에서의 날개 현의 길이는 다음 식에 의해서 구할 수 있다.

$$C_r = \frac{16\pi R = \left(\frac{R}{r}\right)}{9\lambda^2 B C_L} \quad\cdots\cdots\cdots\cdots\cdots\cdots\cdots\cdots\cdots\cdots\cdots (4.9)$$

여기서 B : 블레이드 장수

이 식은 $\cos \phi = 1$이라 가정하여 단순화한 것이다. 또 일반적으로 $C_L = 1$로 하면 된다. 이 식을 통하여 알 수 있는 점을 다음에 예거한다.

(가) 날개 현의 길이는 반지름 위치에 반비례한다.

따라서 날개의 형태는 테이퍼형이 된다

(나) 날개의 현 길이는 블레이드의 장수에 반비례한다.

따라서 블레이드의 장수가 적어지면 날개 현의 길이는 커진다.

(5) 날개 현의 길이는 주속비의 제곱에 반비례한다

따라서 주속비가 큰 고속현 블레이드는 날개 현의 길이가 작아진다. 이것은 솔리디티비(수풍면적에 대한 블레이드 면적)가 주속비의 제곱에 반비례하는 것을 의미한다.

4.2.2 1.6 m 블레이드의 간이 설계 예

여기서 구체적인 예로 설계하여 본다. 설계 조건은 다음과 같다.

● 블레이드의 지름 : $2R = 1.6\text{m}$

● 블레이드 선단의 주속비 : $\lambda = 6$

● 블레이드 장수 $B = 3$

● 날개형 : NACA4412

NACA4412의 날개 단면을 그림 4.13에, 특성 데이터를 그림 4.14에 각각 제시하였다.

(1) 최적한 영각 α 를 구한다

그림 4.14 (b)로부터 C_D/C_L이 최대가 되는 점은 점선과 같이

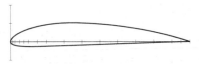

그림 4.13 NACA4412의 날개 단면

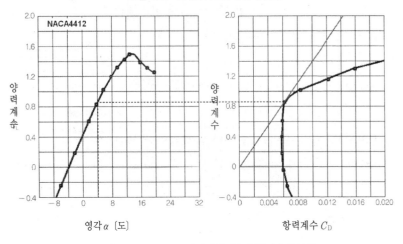

영각 α [도]　　　　항력계수 C_D

그림 4.14 NACA4412의 양력계수, 항력계수의 특성

$C_L = 0.85$ 부근이다. 따라서 그림 4.14 (a)의 $\alpha - C_L$ 특성에서 최적 영각 α 는 4°인 것을 알 수 있다.

(2) 국소 주속비 λ_r, 바람의 유입각 f_r, 블레이드의 설정각 β 를 구한다

다음에 그림 4.15와 같이 블레이드를 10분할하여 각 위치에서의 데이터를 구한다. 먼저 국소 주속비 λ_r, 각 위치에서의 바람의 유입 각 ϕ_r, 그리고 블레이드의 설정각 β_r 를 전술한 식 (4.8)에 의해서 구하면 표 4.3과 같은 계산 결과를 얻는다.

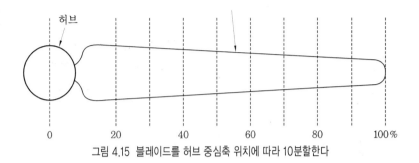

허브

0   20   40   60   80   100%

그림 4.15 블레이드를 허브 중심축 위치에 따라 10분할한다

표 4.3 블레이드상 각 위치의 국소 주속비 λr, 바람의 유입각 fr, 블레이드의 설정각 βr

항 목	기호	단위	값									
회전축에서의 위치	−	%	20	30	40	50	60	70	80	90	100
국소 반지름	r	cm	16	24	32	40	48	56	64	72	80
국소 주속비	λ_r	−	1.2	1.8	2.4	3.0	3.6	4.2	4.8	5.4	6.0
바람의 유입각	ϕ_r	도	29.1	20.3	15.5	12.5	10.5	9.0	7.9	7.0	6.3
국소 설정각	β_r	도	25.1	16.3	11.5	8.5	6.5	5.0	3.9	3.0	2.3

표 4.4 날개 현 길이의 계산 결과

항 목	기호	단위	값									
회전축에서의 위치	−	%	20	30	40	50	60	70	80	90	100
날개 현의 길이	C_r	cm	20.7	13.8	10.3	8.3	6.9	5.9	5.2	4.6	4.1
근사 직선화한 날개 현의 길이	$C_{r(a)}$	cm	10.8	9.9	9.1	8.3	7.4	6.6	5.8	5.0	4.1

(3) 날개 현의 길이 C_r를 구한다

다음에 날개 현의 길이 C_r를 구한다. 마찬가지로 전술한 식 (4.9)에 의해서 구한 것이 표 4.4이다. 그림 4.16은 계산 결과를 그래프화한 것으로, 계산값에 의하면 허브 쪽이 될수록 현의 길이가 급속하게 커진다. 즉, 테이퍼형이 된다. 이와 같은 형상은 제작하기 어려운 경우가 있으므로 만들기 쉽게 하기 위해 날개 현의 앞 가장자리쪽에서 1/3 되는 곳을 중심으로 하여 날개 길이의 50% 지점을 중

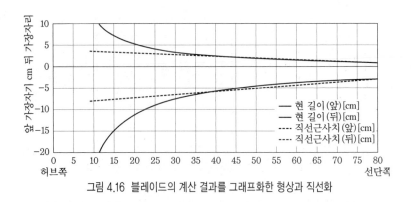

그림 4.16 블레이드의 계산 결과를 그래프화한 형상과 직선화

심으로 선형화(線形化)한 것이 점선이다. 실제로 소형 풍차에서는 풍속이 작을 때의 기동성 즉 컷인 풍속을 작게 하기 위해 허브 근방의 현 길이를 크게 하는 경우가 있다.

(4) 비틀림을 부여한다

다음은 표 4.3의 국소 설정각 β_r에 따라 비틀림을 부여하면 된다. 다만 허브 근방에서는 설정각도가 급격하게 커지지만 허브 근방의 수풍면적은 매우 작으므로 이 부분에서의 각도는 이론대로가 아니어도 출력 손실은 극히 작다고 할 수 있다.

한편, 블레이드 선단에서는 수풍면적이 커지므로 이 설정 각도의 영향이 커진다. 즉, 주속비를 크게 설정하면 블레이드 선단의 경사각이 작아지고 블레이드 회전수는 커진다.

로터의 회전수가 높아지면 발전기의 효율은 향상되지만 고속으로 회전하기 때문에 안전성 측면에서 어려운 문제가 따르고 또 바람을 가르는 소리도 매우 커진다. 그리고 부유물과의 충돌 대책으로 블레이드의 강도도 높일 필요가 있다. 주속비를 크게 하면 양력

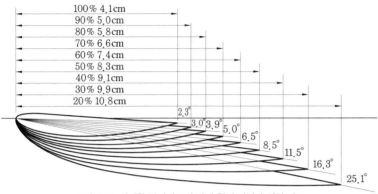

100% 4.1cm
90% 5.0cm
80% 5.8cm
70% 6.6cm
60% 7.4cm
50% 8.3cm
40% 9.1cm
30% 9.9cm
20% 10.8cm

2.3°
3.0° 3.9° 5.0°
6.5°
8.5°
11.5°
16.3°
25.1°

그림 4.17 설계한 블레이드의 날개 현의 길이와 설정 각도

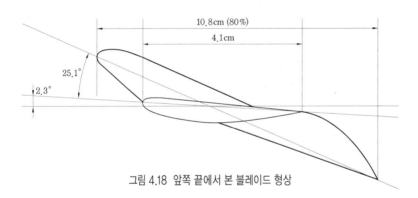

10.8cm (80%)
4.1cm
25.1°
2.3°

그림 4.18 앞쪽 끝에서 본 블레이드 형상

은 커지지만 블레이드 자체의 공기 저항이 증가하고 항력도 커지므로 효율이 떨어진다. 따라서 앞의 항에서도 기술하였듯이 주속비는 보통 5~7이 적당하다.

(5) 설계 결과

설계한 블레이드의 날개 현의 길이와 경사각을 그림 4.17에, 선단에서 본 블레이드를 그림 4.18에 각각 보기로 들었다. 그림 4.19는

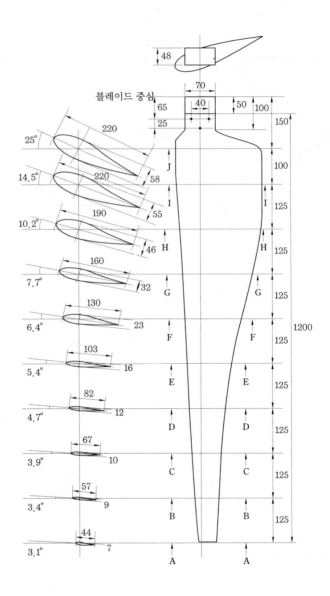

그림 4.19 지름 2.5m 블레이드의 설계도 예

실제로 설계 제작한 지름 2.5 m 블레이드의 설계도 예이다. 이 블레이드는 약간 고속형이고, 날개 끝 주속비가 약 6~7로 최대 출력을 얻을 수 있다.

4.3 실제 설계에서 고려해야 할 사항

4.3.1 블레이드 선단 속도

블레이드의 선단 속도는 주속비를 크게 취하면 매우 빨라져 바람을 가르는 잡음이 커지거나 때로는 부유물과의 충돌로 고장의 원인이 될 수 있다.

최적 설계된 2~3장의 블레이드로 비교적 바람이 강한 지역에서는 블레이드 선단 속도가 100 m/s로 될 때도 있다. 이 선단 속도가 빠르면 바람을 가르는 소음이 커지고, 이 소음은 로터 블레이드 회전수의 5제곱에 비례한다는 주장도 있다. 따라서 소음이 낮은 풍차를 만들기 위해서는 성능을 약간 희생하더라도 주속을 낮출 필요가 있다.

보통 블레이드 최선단의 주속비는 고속형 블레이드의 경우는 7~10의 값을 취한다. 따라서 통상 운전 때는 선단 속도는 50m/s 이내로 하고, 최대 풍속 때에도 100 m/s를 넘지 않도록 할 필요가 있다. 블레이드의 회전수와 선단 속도의 관계는 다음 식으로 나타낸다.

$$V_b = \frac{2\pi R n}{60} \quad \cdots\cdots\cdots\cdots\cdots\cdots\cdots\cdots\cdots (4.10)$$

여기서 V_b:블레이드의 선단 속도 [m/s] , R:블레이드의 반지름 [m], n:블레이드의 회전수 [rpm]

위의 식으로 블레이드의 회전수와 선단 속도의 관계는 표 4.5와 같이 된다. 이 표는 선단 속도가 50 m/s와 100 m/s에서의 블레이드 지름과 회전수의 관계를 계산한 것이다.

표 4.5 블레이드 지름과 블레이드 선단 속도

블레이드 지름 [m] (2R)	회전수 [rpm]	
	선단 속도 50 [m/s]	선단 속도100 [m/s]
0.8	1194	2388
1	955	1910
2	478	955
3	318	637

주속비를 8로 하면 실용 풍속 때(예컨대 6m/s)의 선단 속도는 48 m/s로 되어 지름 1 m의 블레이드로 약 1000 rpm, 지름 2 m이면 500 rpm 정도로 설정할 필요가 있다.

4.3.2 로터 블레이드에 작용하는 원심력

블레이드가 회전함으로써 블레이드의 회전 중심에서 반지름 방향으로 바깥을 향하여 큰 하중이 걸린다. 이 하중은 물체가 원형 궤도를 그리면서 고속으로 움직일 때 작용하는 것으로, 그 물체의 속도, 회전의 중심에서 물체 중심까지의 거리인 회전 반경, 그리고 물체의 중량을 알면 계산할 수 있다. 블레이드의 회전축에서 거리 r 만큼 떨어진 곳에 질량 m의 추가 있고, 이것이 회전속도 n으로 회전하고 있다면, 이때 발생하는 원심력 f는 다음 식으로 나타낸다.

$$f = \frac{mr\omega^2}{g} \quad\cdots\cdots\cdots\cdots\cdots\cdots\cdots\cdots\cdots\cdots\cdots\cdots\cdots (4.11)$$

여기서 f : 원심력 [kg], m : 블레이드 중량 [kg], r : 회전축에서 블레이드 중심 (center of graveity)까지의 거리 [m], ω : 각속도 $|2\pi(n/60)|$ [rad/sec], n : 1분간의 회전수 [rpm], g : 중력가속도(9.8 [m/s²])

블레이드의 회전에 따른 원심력 f는 원운동을 하고 있는 블레이

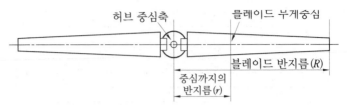

그림 4.20 이와 같은 블레이드의 허브에 작용하는 원심력을 구한다

드의 질량 m, 블레이드 무게 중심까지의 거리 r에 비례하고 회전수 n의 제곱에 비례하게 된다. 따라서 $\omega = 0.1047n$ [rad/s] 이므로

$$f = \frac{m\,r\,(0.1047n)^2}{g} \cdots\cdots\cdots\cdots\cdots\cdots\cdots\cdots\cdots\cdots\cdots\cdots(4.12)$$

으로 된다.

지금 그림 4.20과 같은 블레이드의 반지름 R가 0.6m이고 그 무게의 중심이 허브 중심축에서 $r = 0.2$m, 질량이 $m = 500$g, 회전수 n이 3000 rpm이라 하면, 원심력 f는

$$f = \frac{0.5 \times 0.2 \times (0.1047 \times 3000)^2}{9.8} \fallingdotseq 1007 \text{ [kg]}$$

이 된다. 즉, 약 1 ton의 원심력이 블레이드에 작용하게 된다.

예에서와 같이 매우 큰 하중이 블레이드 근본부에 작용하게 되므로 블레이드를 제작할 때는 이 값에 견딜 수 있을 뿐 아니라 여유가 있는 설계를 할 필요가 있다. 특히 허브의 장착하는 곳에 이 하중이 걸리므로 나사 조임 등에 세심한 주의가 필요하다.

4.3.3 블레이드의 재질과 구조

로터 블레이드는 여러 가지 재질과 구조가 사용되며, 블레이드를 제작할 때는 다음 조건에 유의해야 한다.

(가) 회전의 원심력 하중에 대하여 충분한 강도가 있을 것

(나) 바람의 동압(動壓)에 대한 강도가 충분할 것

(다) 가급적 경량일 것

(라) 가공하기 쉽고 경제적일 것

(마) 내구성이 우수할 것

일반적으로 소형 풍차의 경우 재질로는 목재, FRP(Fiber Reinforced Plastics), 금속 등이 사용되며, 이 재료들의 조합으로 여러 가지 구조를 생각할 수 있다.

그림 4.21은 그 대표적인 구조 예이다. 가장 간단한 구조는 모두 목재로, 1장판에서 깎아내어 정형한 것이며, 오로지 소형 풍차발전기의 풍차 블레이드로 사용되고 있다. 또 목재를 1~2 mm로 얇게 켜서 압력을 가해 접착한 적층형(積層型) 목재도 사용된다. 세 번째 예는 역시 목재를 접착제로 적층화하고 주위를 FRP로 씌워, 표면 보호와 강도 증진을 도모한 것이다. 이 경우는 가벼운 목재를 사용할 수도 있으므로 가공하기 쉽다.

강철과 알루미늄 합금에 의한 금속제 블레이드는 중량이 무겁기 때문에 아마추어로서는 가공하기 어려운 문제가 있다. 이 밖에도 금속의 피로 문제가 있어 과거 극히 소형의 풍력발전기에 사용된 적이 있었지만 최근에 이르러서는 별로 사용되지 않고 있다. 또 FRP와 금속을 결합한 재료가 사용되는 경우도 있다.

소형(마이크로) 풍차의 경우 고속으로 회전하므로 전술한 바와 같이 가능하다면 가벼운 것이 요구된다. 다행스럽게도 FRP는 강도적으로 강하면서 가볍기 때문에 그림 4.22와 같이 내부 재료는 목재 또는 경량 금속과 발포 스티롤을 복합하고, 외부는 FRP로 커버링한 구조도 유효하다.

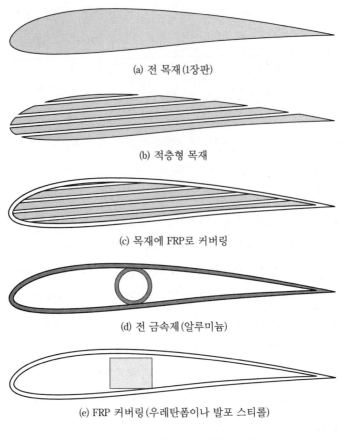

(a) 전 목재(1장판)

(b) 적층형 목재

(c) 목재에 FRP로 커버링

(d) 전 금속제(알루미늄)

(e) FRP 커버링(우레탄폼이나 발포 스티롤)

그림 4.21 블레이드의 대표적인 구조 예

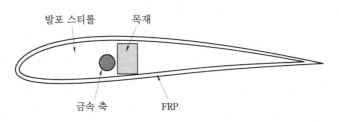

발포 스티롤   목재

금속 축   FRP

그림 4.22 발포 스티롤, 목재, 금속, FRP 등을 복합한 구조

4. 4 로터 블레이드의 제작

바람이 가진 에너지 중에서 풍차를 통하여 얻는 에너지는 최대 약 59%라는 것은 앞에서 이미 기술한 바 있다. 한편, 로터 블레이드의 수풍면적을 크게 하지 않고도 더욱 큰 출력을 얻으려는 연구가 시도되고 있다.

4. 4.1 디퓨서가 달린 풍차
그림 4.23과 그림 4.24는 로터 블레이드 주위에 디퓨서 (diffuser)를 설치하여 블레이드를 통과하는 풍속을 가속시킴으로써 효율 향상을 노린 것이다. 전술한 바와 같이, 풍차로부터 얻을 수 있는 에너지는 풍속의 세제곱에 비례하므로, 예컨대 바람의 속도를 1.2배로 할 수 있다면$(1.2)^3≒1.73$배의 출력을 얻을 수 있다.

이와 같은 이론을 바탕으로, 여러 가지 형상의 디퓨서가 시도되

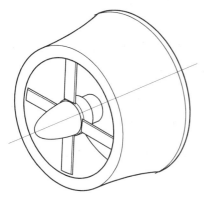

그림 4.23 디퓨서가 달린 풍차

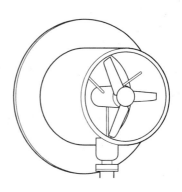

그림 4. 24 바람렌즈인 후드가 달린 풍차

고 있다. 디퓨서를 붙임으로써 고속으로 회전하는 블레이드의 소음을 경감할 수 있는 외에도 만일 블레이드가 파손되었을 때도 주변으로 비산하는 것을 막을 수 있다.

4.4.2 후드가 달린 풍차

그림 4.25의 예는 로터 블레이드를 후드로 씌우고 내부 중앙부를 가늘게 한 것인데, 이 가느다란 부분에 블레이드가 설치되어 있다. 위와 마찬가지로 중앙부의 바람의 흐름을 빨리하여 출력 향상을 노리고 있다.

이 예에서도 후드는 소형으로 가능하고 회전수도 높아지므로 발전기를 소형화할 수 있다. 이것은 안전 측면에서의 장점이 있지만 큰 후드를 볼 위에 설치하여야 하는 어려움이 있다.

4.4.3 복어형 풍차

이 예는 위에서 설명한 후드가 달린 것과는 반대로 보디를 복어 모양으로 만들어 후드의 날개 길이를 짧게 한 것인데, 다운 윈드형 풍차로 한 것이다.

그림 4.26과 같은 기이한 모양이지만, 이렇게 만들면 바람이 보디에서 압축되므로 블레이드를 통과할 때의 풍속이 빨라져 블레이드의 날개 길이는 짧지만 블레이드의 지름에 대응한 출력을 기대할 수 있다. 이 풍차는 짧은 블레이드로도 대처할 수 있을 뿐만 아니라 굵은 동체 속에 발전기는 물론 부속 설비까지 집어넣는 것도 용이하다.

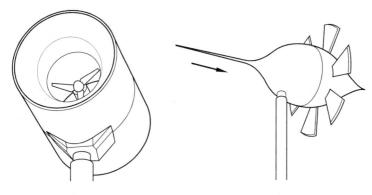

그림 4. 25 후드가 달린 풍차   그림 4. 26 복어형 풍차

4. 4. 4 멀티 로터 풍차

특이한 예로는 그림 4.27처럼 소형 로터 블레이드를 수평축을
따라 여러 개 배치함으로써 출력 향상을 노리는 풍차도 있다.

그림 4. 27 멀티 로터 풍차

4.5 실제 제작과 목재 블레이드의 장점

풍력발전기의 핵심은 무엇보다도 로터 블레이드와 발전기라 할 수 있다. 앞에서도 설명한 바와 같이 블레이드는 여러 가지 제작 방법이 있다. 목재 블레이드는 쉽게 만들 수 있지만 중량면에서 약간 문제가 있다. 그래서 더 가볍고 더 강한 것을 찾는다면 발포 스티로폼과 FRP에 의한 본격적인 블레이드 등 여러 가지를 고려해 볼 수 있다.

여기서는 몇 가지 제작 방법을 종합 정리해 보겠다. 그리고 최종적으로는 제작이 약간 어렵기는 하지만 FRP에 의한 블레이드가 비교적 목적에 부합되는 것으로 판단했다. 그러나 경량화 측면에서는 1.5m 정도까지라면 발포 스티롤을 사용한 블레이드도 버리기 아까운 매력이 있다.

블레이드를 손수 만드는 경우 역시 나무로 만드는 것이 가장 작업하기 쉽다. 목재라고 해서 모두 같은 것은 아니다. 여러 가지 종류의 목재 중에서 프러펠러 재료로 사용할 수 있는 가볍고 단단한 목재인 발사(주:balsa는 열대 아메리카산 수목으로 목질은 강하면서도 코르크보다 가벼운 것이 특징이다)재가 있다. 그러나 발사재는 수십 cm 정도인 소형 풍차용으로는 적합하지만 목질이 너무 연하고 값도 약간 고가이기 때문에 1m 이상의 중형에는 적합하지 않다.

1m 이상의 블레이드로는 노송나무, 삼나무, 가문비나무 등이 적합하다. 이것들은 가격도 비교적 저렴하고 가공하기 쉬운 재질이지

만 발사재에 비하여 무거운 것이 결점이다.

　로터 블레이드는 2장 또는 3장의 날개가 있으며 일반적으로 3장 날개가 안정성이 뛰어나므로 많이 사용되고 있다. 한편 날개가 2장인 블레이드는 풍향이 변했을 때 약간 불안정하게 되기 쉬운 결점이 있지만, 구조적으로 가장 간단하고 경제적으로도 유리하기 때문에 목재로 만드는 경우에는 2장짜리 블레이드가 만들기 쉽다. 특히 한 토막의 각재(角材)를 깎아서 블레이드를 만들 수 있는 장점이 있다.

　목재 프로펠러를 손수 만들 때의 공구로는 톱, 대패, 드릴, 끌, 칼, 사포 등이 필요하다. 전동 스크레퍼(scraper)를 사용하여 그림 4.28과 같이 깎아내는 방법이 매우 유효하다.

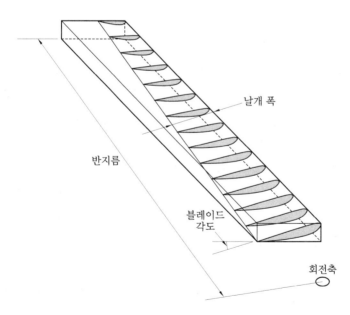

그림 4.28 목재를 깎아 만드는 블레이드

4.6 날개 2개짜리 목재 블레이드의 제작

이제부터 지름이 80 cm인 2장짜리 블레이드를 목재로 제작하기로 하겠다.

4.6.1 설계하는 블레이드의 시방

설계 주속비에 따라서 날개 현의 길이가 다르다. 표 4.6은 이 예인데, 여기서는 날개 현의 길이가 일정한 블레이드에 대해서 설명하겠다. 날개 현의 길이는 60% 위치의 값으로 한다.

따라서 여기서는 약간 고속형인 주속비 6 정도의 블레이드를 만들기로 하겠다. 표 4.6에서 날개 폭은 5.6cm가 된다. 앞에서 설명한 바와 같이 블레이드에는 회전축으로부터의 위치에 따라 다른 경사를 부여할 필요가 있다. 이 경사를 설정 각도라고 하는데, 선단에서는 작고 회전축에 가까울수록 크게 할 필요가 있다. 사용하는 목재는 길이 80 cm, 폭 6 cm, 두께 4~6 cm의 것을 마련한다.

4.6.2 블레이드 원형을 제작

그림 4.29 (a)와 같이 연필을 이용하여 목재 표면에 깎아낼 부분을 그린다. 이때 블레이드 중심(허브)에서 끝자락까지를 5등분하고, 각 '설정 각도'를 표 4.6과 같이 한다. 고속형인 경우는 블레이드 각도를 작게, 저속형을 제작할 때는 블레이드 각도가 커진다.

5등분한 블레이드는 처음에 그려놓은 절단선까지 톱으로 자른다. 이때 톱질을 잘못하면 선을 지나서까지 자르거나 못 미치게 자

표 4.6 제작하는 블레이드의 시방(지름 80 cm, 2장 블레이드)

항 목	단위	값				
회전축으로부터의 위치	%	20	40	60	80	100
● 저속형(주속비 4 정도)						
날개 현의 길이	cm	18	15	12	10	7
설정각도(블레이드 각도)	도	36	19	11.5	7.8	5.5
● 고속형(주속비 6 정도)						
날개 현의 길이	cm	8	7	5.6	4.3	3.1
설정각도(블레이드 각도)	도	25	11.5	6.5	3.9	2.3

르므로 신중한 작업이 필요하다. 다음은 톱질한 부분을 톱이나 끌, 줄이나 스크레이퍼 등을 사용하여 초벌깎기를 하여 블레이드의 원형을 만든다.

4.6.3 날개 형체의 제작

블레이드의 원형이 만들어지면 다음은 날개 형체를 만든다(그림 4.30). 날개는 여러 가지 형체가 있다. 블레이드의 회전을 감안하여

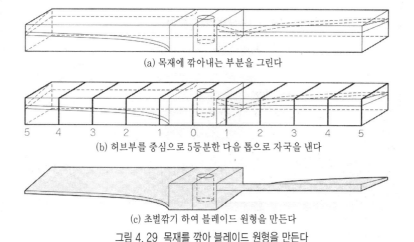

(a) 목재에 깎아내는 부분을 그린다

5 4 3 2 1 0 1 2 3 4 5
(b) 허브부를 중심으로 5등분한 다음 톱으로 자국을 낸다

(c) 초벌깎기 하여 블레이드 원형을 만든다

그림 4. 29 목재를 깎아 블레이드 원형을 만든다

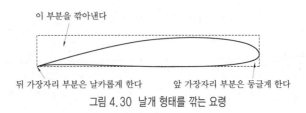

이 부분을 깎아낸다

뒤 가장자리 부분은 날카롭게 한다   앞 가장자리 부분은 둥글게 한다

그림 4.30 날개 형태를 깎는 요령

앞 가장자리 부분은 바람이 원활하게 흐르도록 둥글게 만들고, 뒤 가장자리 부분은 날카로운 모양으로 만든다. 블레이드는 고속으로 회전하므로 양쪽 날개의 균형이 중요하다. 블레이드의 중심에 대하여 양쪽 날개가 균형 잡히는지 확인하며 작업할 필요가 있다.

또 작업 중에 상처가 생긴 곳은 목제 퍼티(putty)를 메워 넣고 표면을 사포로 매끄럽게 손질한 후에 스프레이식 락카를 칠한다. 이 경우에도 양쪽 날개의 균형을 확인하면서 진행해야 한다. 락카를 칠하는 양에 따라 균형이 무너지는 사례가 있으므로 균형을 확인하면서 2~3차례 칠하도록 한다.

4.6.4 풍차 블레이드에 가해지는 힘

이상으로 풍차 블레이드는 완성된 셈이다. 그림 4.31이 완성된

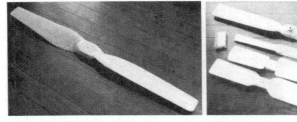

(a) 완성된 블레이드   (b) 각종 블레이드의 예

그림 4.31 제작한 블레이드의 예

블레이드의 모습이다. 지름 80 cm 이하의 소형 풍차라면 비교적 쉽게 만들 수 있지만, 1 m 이상이면 무게가 2kg에 가깝다. 따라서 로터 회전축에 걸리는 하중이 커지고 축의 지름도 커지므로 강도 대책이 필요하다.

프로펠러형 풍차가 일정 방향에서 바람을 받아 풍차가 원활하게 회전하고 있을 때 갑자기 바람의 방향이 변하는 경우가 종종 있다. 이러한 때 회전하고 있는 풍차는 꼬리날개의 작용으로 새로운 바람의 방향으로 추종하려고 하는 큰 힘을 받는다. 풍차가 회전하고 있을 때 그 회전축에는 각운동량이라고 하는 힘이 작용하고 있으며, 회전축의 방향을 유지하려고 하는 힘이 작용한다. 따라서 꼬리날개에 의해서 풍차가 방향을 바꿀 때 회전축에는 큰 힘이 작용한다. 회전하고 있는 팽이가 넘어지지 않고 계속 회전하는 것은 바로 이 힘이 작용하기 때문이다. 이 힘은 회전하는 풍차 블레이드의 중량이 가벼우면 작아진다. 즉, 풍차 블레이드는 가벼우면 가벼울수록 강도 설계가 용이하다.

4.7 발포 스티롤과 FRP에 의한 저속 회전용 블레이드 제작

가볍고 강하면서도 만들기 쉬운 풍차 블레이드를 만들려면 발포 스티롤을 고려할 수 있다. 발포 스티롤은 예상외로 강도가 크다. 따라서 여기서는 발포 스티롤을 사용한 지름 1.2m의 블레이드 제작 방법을 간단하게 설명하겠다.

4.7.1 나무틀의 제작

먼저 그림 4.32와 같은 나무틀(frame)을 만든다(그림 4.33 참조). 블레이드 축은 강도를 고려하여 철봉을 사용하는 것이 바람직하지만 경량화를 위해 10 mm의 알루미늄 봉을 사용하였다. 이 알루미늄 봉을 그림과 같이 나사를 사용하여 나무에 단단하게 고정시키는 동시, 에폭시계 강력 접착제를 사용하여 고정시킨다. 이때 그림에서와 같이 설정 각도를 따라 나무틀을 고정시킬 필요가 있다. 알루미늄 봉을 허브에 장착하는 곳은 30 mm 정도면 충분하다.

4.7.2 블레이드를 오려낸다

발포 스티롤은 단열용으로 판매되고 있으며 약간 밀도가 높은 단단한 것을 선택하는 것이 좋다. 크기는 약 1m, 두께 5 cm의 것을 마련한 다음 그림 4.34와 같은 열선 커터를 사용하여 절단한다. 발포 스티롤을 커터로 절단할 때는 밑에 베니어판이나 합지를 깔고, 커터를 내리 누르는 것이 아니라 마치 과일의 껍질을 벗기듯이 칼

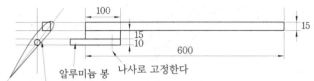

알루미늄 봉   나사로 고정한다

사전에 설정한 각도에 따른 나무틀을 만든 다음 에폭시계 강력 접착제로 고정시킨다

그림 4.32 블레이드 나무틀의 제작

그림 4.33 제작한 블레이드용 나무틀

그림 4.34 열선 커터

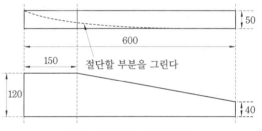

절단할 부분을 그린다

그림 4.35 발포 스티롤의 단면

을 밀어 자르면 절단면이 곱게 절단된다.

　다음에 블레이드 전면(바람이 닿는 면)을 경사지게 자르기 위한 선을 그림 4.35와 같이 그린다. 즉, 전면 경사면의 잘라내는 부분에 가는 유성 볼펜으로 그린다. 이때 설정 각도는 앞서 설명한 목제와 마찬가지로 선단부는 2~5°의 각도로 한다. 블레이드의 뒷면은 틀을 붙인 후에 절단하므로 이 단계에서는 그대로 둔다.

　앞서 그린 앞면 경사면을 열선 커터(그림 4.34 참조)로 절단한다.

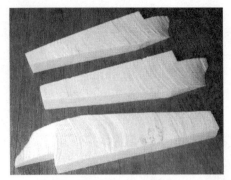

그림 4.36 전면 경사부를 절단한 발포 스티롤

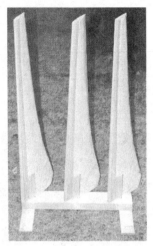

그림 4.37 나무틀과 발포 스티롤 접착

열선 커터는 공구점에서 쉽게 구할 수 있지만, $\phi 0.35\,\text{mm}$ 정도의 니크롬선을 구입하여 그 선에 약 1~1.3 A의 전류를 흘리면 선이 가열되어 발포 스티롤을 쉽게 자를 수 있다. 그림 4.36은 전면 경사부를 절단한 발포 스티롤이다.

4.7.3 나무틀과 발포 스티롤의 접착

다음은 앞서 제작한 나무틀과 발포 스티롤을 접착한다. 그림 4.37은 작업 중인 모습이다. 발포 스티롤 전용 접착제로는 스티롤 풀이 있다. 스티롤 풀을 나무틀과 발포 스티롤 접착면에 칠한 다음 약간 시간이 경과하면 접착하기 쉽다.

완전히 접착되기까지 기다린 다음에 이번에는 나무틀과 발포 스티롤 뒷면의 불필요한 부분을 깎아낸다. 나무틀 부분은 대패나 커터 등을 사용하고, 또 발포 스티롤은 열선 커터를 사용하여 블레이드의 날개 형상이 되도록 신중하게 다듬는다. 그리고 나무틀 부분의 요철 부분에는 발포 스티롤을 잘게 부숴 메워 넣고 스티롤 풀로 접착한 다음 거친 사포로 표면을 가볍게 문질러 요철을 제거한다.

4.7.4 표면을 FRP로 덮는다

강도를 향상시키기 위해 표면을 FRP로 덮는다. 완성된 블레이드에 유리섬유를 전면에 덮은 다음 솔로 수지를 칠하여 굳힌다. 그러나 FRP에 사용하는 일반 폴리에스테르 수지는 발포 스티롤을 용해시킨다. 따라서 발포 스티롤을 용해하지 않는 수지(스티렌 성분을 포함하지 않는 수지)를 사용할 필요가 있다. 이 수지는 일반 폴리에스테르 수지에 비하여 값이 약간 비싼 편이다. FRP를 덮는 작업은 약간 숙련이 필요한 작업이므로 조심하기 바란다. 유리섬유는 가위로 약 600×400 mm로 절단한 다음 블레이드 앞 가장자리를 중앙으로 하여 전면을 덮도록 한다(그림 4.39).

폴리에스테르 수지는 경화제를 가하면 굳어진다. 폴리에스테르 수지를 비닐 컵에 적당량 담아서 강화제를 혼합하면 굳어진다. 경화

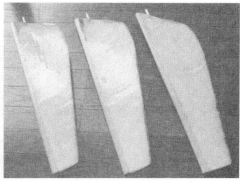

그림 4.38 시판되는 폴리에스테르 수지   그림 4.39 FRP로 덮은 블레이드

가 시작되기까지의 시간이 10~30분(온도와 경화제의 양에 따라 변화가 있다) 걸리므로 이 시간 동안에 유리섬유에 칠하면 된다. 수지는 유리섬유가 보이지 않을 정도로까지 칠하면 되지만, 때로는 발포스티롤이나 목재와 유리섬유 사이에 기포가 잔존하는 경우도 있으므로 세심하게 살펴 기포가 남지 않도록 한다.

4.7.5 마무리

충분히 경화시킨 후에 표면의 요철을 사포로 문질러 고른 다음에 다시 폴리에스테르 수지를 칠하면 유리섬유의 바탕이 보이지 않게 깨끗하게 마무리할 수 있다(그림 4.39). 끝으로 백색의 젤코트용 수지를 표면에 칠하거나 스프레이식 락카로 도장하면 풍차 블레이드는 완성된다. 이로써 1장이 약 200~300g에 불과한 매우 가벼운 블레이드가 완성되었다.

4.7.6 허브부의 제작

블레이드가 완성되면, 다음은 발전기 축에 장착하는 허브부를 제작해야 한다. 블레이드를 고정시킬 틀의 형상은 그림 4.42와 같

(a) 샤프트쪽   (b) 블레이드 장착쪽

그림 4.40 제작한 블레이드 장착 틀

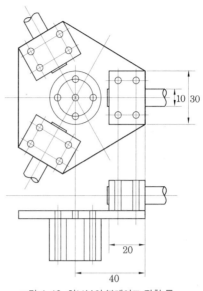

그림 4.41 완성된 저속 회전용 블레이드
(지름 1.2m)

그림 4.42 허브부의 블레이드 장착 틀

다. 그리고 완성된 허브부의 틀은 그림 4.40과 같다. 5 mm 두께의 알루미늄 판을 베이스로 하여 3장의 블레이드 축을 끼워 넣는 틀을 장착한다. 풍차 블레이드는 고속으로 회전하므로 매우 큰 원심력이 발생한다. 따라서 블레이드를 허브에 장착하는 틀은 블레이드 축을 단단하게 고정할 수 있는 것이어야 한다. 블레이드 장착 축 선단에 나사 구멍을 뚫어 만일 상기 틀의 조임이 이완되더라도 블레이드가 날아가지 않도록 스토퍼를 붙이는 것도 하나의 방법일 수 있다.

그림 4.41은 제작한 풍차 블레이드를 3장 날개로 하여 약 200~300 W급 발전기에 장착한 풍력발전기의 모습이다. 지름 1.2m 의 풍차는 풍속 5~6m/s에서 약 300~500 rpm으로 힘차게 회전할 것이다.

4.8 고속 회전용 블레이드 제작

앞에서 저속용을 제작하였으므로, 여기서는 고속용에 도전하기로 하겠다. 블레이드를 고속으로 돌리는 경우 원심력이 작용하므로 더욱 가볍고 강한 것이 필요하다. 고속형으로 하기 위해 솔리디티 (solidity)비를 작게 하고, 선단부의 항력을 감소시키기 위해 블레이드 폭과 두께를 좁게 하는 것이 좋다.

기본적으로는 저속형 때와 만드는 법이 같지만, 블레이드 선단부의 설정 각도가 비교적 작으므로 블레이드 선단부는 발사재를 사용하고, 허브에 가까운 쪽은 발포 스티롤을 사용한다. 솔리디티비를 작게 하면 저풍속 때의 기동성이 악화되므로 허브에 가까운 부분은 충분한 날개 현의 길이(블레이드 폭)를 갖는 형상으로 했다.

4.8.1 나무틀의 제작

그림 4.43과 같이 선단부는 발사재를 사용하고 허브부에 가까운 부분은 발포 스티롤을 사용한다. 처음에 길이 약 35 cm의 나

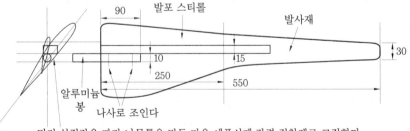

먼저 설정각을 따라 나무틀을 만든 다음 에폭시계 강력 접착제로 고정한다

그림 4.43 블레이드의 구조와 형상

무틀을 준비한다. 앞의 방법과 마찬가지로 나무틀에는 축이 되는 $\phi 10\,mm$ 알루미늄 봉을 나사로 고정하고, 블레이드의 설정 각도를 부여하기 위해 대패를 사용하여 경사를 부여한다.

그리고 길이 30 cm, 두께 3 mm의 반사재를 마련한 다음 나무틀에 붙일 수 있도록 칼집을 낸다. 그 나무틀 선단부에 칼집을 낸 발사재를 에폭시계 접착제를 사용하여 붙인다.

다음은 허브에 가까운 부분에 발포 스티롤을 붙인다. 붙일 때 나무틀에는 비틀림이 가해져 있으므로 비틀린 상태 그대로 접착해야 한다. 접착이 굳을 때까지 비틀림을 고정시켜 둔다.

4.8.2 블레이드의 접착

다음은 허브 가까운 부분에 발포 스티롤을 붙인다. 발포 스티롤을 나무틀에 붙일 경우에는 앞에서 설명한 바와 같이 스티롤 풀을 사용하고, 약간 여유롭게 발포 스티롤을 붙인다. 그리고 충분히 건조시킨 후 열선 커터를 써서 블레이드 형태를 만들어 나간다. 또 선단부의 발사재 부분과 발포 스티롤 부분의 이음 부분은 요철이 생기지 않도록 얇게 절단한 발포 스티롤을 붙여 요철이 없는 형태로 만든다. 표면의 작은 요철은 거친 사포로 문질러 매끄럽게 만든다. 발사재 부분도 칼과 사포로 다듬어 날개 형태를 만든다.

4.8.3 표면을 FRP로 씌운다

형체가 만들어지면 강도를 높이기 위해 표면을 FRP로 씌운다. 이 이후의 제작 공정은 발포 스티롤과 같다. 즉, FRP에 의한 저속 회전용 블레이드 제작과 마찬가지이다. 이와 같이 제작한 블레이드 표면에 유리섬유를 씌운 다음 폴리에스테르 수지를 칠해서 굳힌다. 표면의 요철은 줄이나 사포로 문지르면서 2~3회 수지를 칠한다.

끝으로 겔코트용 수지를 칠해서 표면을 매끄럽게 마무리하면 완성된다. 이것으로 한 장의 무게가 180 g인 가벼운 블레이드(그림 4.44)가 완성된 셈이다.

이상 몇 가지 종류의 풍차 블레이드를 만드는 방법을 설명하였다. 풍차 블레이드는 발전기와 더불어 풍력발전기의 중요 파트이다. 처음에는 목재를 깎는 방법에서부터 출발하여, 점차 여러 가지 소재와 제작법을 시행 착오를 거듭하면서 시험 제작하는 것도 좋은 경험이 될 것이다.

발포 스티롤을 사용한 풍차 블레이드는 가장 가볍고 취급하기도 용이한 것이라 생각된다. 목재에 비하여 강도적으로 약할 것으로 생각되지만 중량적으로 매우 가볍기 때문에 단위 중량당의 강도는 발포 스티롤형이 오히려 강할 수도 있다. 이 블레이드를 장착한 풍력발전기(그림 4.45)는 이미 약 2년간, 그것도 아무런 고장 없이 순조롭게 가동한 실적이 있다.

그림 4.44 완성된 발포 스티롤제 1.2 m 블레이드

그림 4.45 그림 4.44의 블레이드를 장착한 풍력발전기

4.9 FRP 성형에 의한 블레이드 제작

지금까지 블레이드를 제작하는 몇 가지 방법을 소개하였다. 정성을 들여 만들면 믿을 만한 성능의 블레이드를 만들 수 있을 것이다. 그러나 그 어떠한 경우에도 재료를 깎아서 만들기 때문에 2~3장의 블레이드를 만들면 형상에 약간의 차이가 나거나 중량의 차이, 표면 처리 등에서 서로 일치하지 않는 제품이 생기기 마련이다. 그래서 본격적인 블레이드를 FRP 성형으로 만드는 방법에 도전하여 보기로 하겠다.

유리섬유를 사용한 FRP에 의한 블레이드의 성형 가공은 수지가 끈적끈적하게 붙고 냄새도 강렬하다. 또 유리섬유가 비산(飛散)하므로 몇 가지 위험을 감수해야 하는 혐오작업이기도 하다. 또 각 공정에서 수지가 굳기까지 시간의 제한이 있으므로 신속하게 제작할 필요가 있다. 뿐만 아니라, 수지가 완전하게 굳어지기까지에는 시간이 걸리므로 다음 공정으로 진행하기까지에는 상당한 시간을 필요로 한다(원형 제작에서 완성까지 최소 3개월은 걸린다).

그러므로 FRP 가공은 참고 견디는 인내가 필요한 작업이고, 전술한 혐오작업에 견디느냐가 성패를 좌우한다. 그러나 전술한 제작법에 비하여 FRP는 강도면에서 압도적으로 유리하고 중량은 발포스티롤에 의한 블레이드에는 견줄 수 없지만 1.2 m 지름의 블레이드라면 1장당 300~500 g로 만들 수 있다. 형상도 원형만 온전하다면 성형으로 10~20장 정도는 같은 형상의 블레이드를 만들 수 있는 장점도 있다.

4.9.1 FRP 성형의 특징

이제 그 특징을 종합하여 보면 다음과 같다.

1) FRP 성형은 큰 규모의 설비가 불필요하다. 따라서 아마추어가 직접 제작하기에 알맞다. 그러나 제작에는 상당한 정성이 필요하고 대량 생산이 어렵다.

2) 가볍고, 강하고 내구성이 높다.

심재(芯材)로 사용하는 섬유 소재의 종류에 따라 차이가 있겠지만 일반적으로 강재에 가까운 강도가 있으며 가볍다. 따라서 풍차 블레이드에 가장 적합하다.

3) 같은 제품을 여러 개 만들 수 있다. 후술하는 바와 같은 암틀을 만들어 성형하므로 10여 개 또는 그 이상의 복제품을 만들 수 있다. 따라서 블레이드처럼 같은 형체를 복수개 만드는 데 적합하다.

4) 제작 작업에는 어려움이 따른다. 즉, 다루는 재료는 수지와 용제로, 연소되기 쉬운 것이므로 취급에는 상당한 주의가 필요하다. 또 유리섬유를 절단하면 먼지처럼 떠다니게 되므로 환기가 필요하며, 손에 붙으면 따끔따끔하고 수지는 냄새 때문에 어지러워 정신이 몽롱하게 된다.

이처럼 성형작업에는 어려움이 따르므로 세심하게 작업을 진행해야 한다. 거듭되는 실패도 참고 꾸준히 노력한다면 반드시 마침내는 고성능 블레이드를 완성할 수 있을 것이다.

만드는 법을 간단하게 다시 정리한다.

(가) 우선 자신이 만들려고 하는 블레이드와 같은 것을 원형으로 만든다.

(나) 그 원형의 표면과 뒷면을 반대로 한 암틀을 만든다.

(다) 그 암틀을 사용해서 FRP 성형으로 최종품을 만든다.

위와 같이 3단계로 작업을 한다. 블레이드는 기늘고 길다란 형상이므로 아래위 둘로 나누어 틀을 만들고, 그 안쪽에 FRP 성형한 후 아래위 둘을 합쳐서 경화한다.

4.9.2 FRP에서 사용하는 재료와 공구

제작법을 상세하게 설명하기 전에, FRP에서 사용하는 재료와 공구에 관하여 간단하게 설명하겠다.

(1) 유리섬유

유리섬유는 유리를 지름 5~10μm의 극히 가느다란 실상으로 만든 것으로, 이 섬유를 모아서 천처럼 짠 것이다. 그림 4.46은 유리섬유의 표면 상태이다. 유리섬유는 용도에 따라 여러 가지 종류가 있다.

서페이스 매트(surface mat)는 겔코트 수지를 사용하였을 때 수지의 경도가 높기 때문에 온도 급변 등으로 크랙이 생기기 쉽고 그것을 막고 기포가 없는 표면을 깔끔하게 마무리하기 위해 사용하는 섬유인데, 매우 얇고 유연한 섬유이다(그림 4.46 (a)).

그림 4.46 (b)의 유리 클로스는 평직된 유리섬유로 인장강도가 큰 특징이 있다. 블레이드를 만들 때는 인장강도와 경량화가 중요하므로 이 유리섬유가 매우 유익하다.

(a) 서페이스 매트   (b) 유리 클로스   (c) 유리 매트

그림 4.46 유리섬유의 표면

(b) 로빙 클로스   (b) 로빙 클로스

그림 4.46 유리섬유의 표면

유리 매트는 섬유 한 가닥 한 가닥이 짧고 방향성이 없는 매트상의 유리섬유인데, 인장강도는 크지 않지만 중합 성형하여 희망하는 두께로 하는 경우에 많이 사용된다.

가느다란 유리선을 수십 가닥 합쳐서 꼰 모양으로 만든 것을 로빙이라 한다. 이 로빙을 사용하여 평직한 것이 그림 4.47 (b)에 보인 로빙 클로스이고, 이는 마치 유리 클로스의 실을 굵게 한 것과 같다. 따라서 이 로빙 클로스는 필연적으로 두꺼운 것이 되므로 강도가 필요한 경우에 쓰인다.

(2) 수지

유리섬유를 굳히기 위해 사용하는 수지로, 일반적으로 폴리에스테르 수지가 사용된다.

(3) 겔코트 수지

이것은 암틀 표면에 칠하고, 그 위에 FRP를 성형시키는 경우에 사용한다. 겔코트 수지는 경도가 높기 때문에 표면의 상처를 막고 내후성과 내식성을 향상시키는 작용을 한다. 또 표면에 기포가 생기는 것을 막을 수 있다.

(4) 경화제(硬化劑)

폴리에스테르 수지는 단체로는 굳지 않고 경화제를 적당량 첨가함으로써 화학반응을 일으켜 굳어진다. 경화제의 양은 수지의 양과 작업 당시의 온도에 따라 틀린다. 가령 주위 온도가 10℃이면 수지 100g에 대하여 약 1.5~1.7cc, 20℃이면 1cc, 30℃이면 0.5cc의 경화제를 첨가한다. 이 경화제는 비닐성의 스포이트(눈금이 새겨진)를 사용하는 것이 편리하다.

겔코트 수지의 경화제로도 사용할 수 있지만, 겔코트 수지의 경우는 경화제의 양이 약간 많아야 한다. 즉, 겔코트 수지 100 g에 대하여 주위 온도가 10℃이면 약 2cc, 20℃이면 1.5cc, 30℃라면 1cc의 경화제를 첨가하는 것이 적절하다.

(5) 이형제

굳어진 성형품을 틀에서 분리할 때 제품이 틀에 달라붙지 않게 하기 위해 성형하기 전에 암틀 표면에 주입한다. 이형제는 여러 가지 종류가 있다. 주로 많이 쓰이는 포발(po Val)계 이형제는 수용성 포발을 물에 녹인 것으로, 청색으로 착색한 것과 투명한 것 두 종류가 있다.

청색으로 착색한 것은 틀 표면에 칠하면 표가 나서 칠하지 않는 곳이 없이 고르게 칠할 수 있다. 한편 투명한 것은 색깔은 없지만 칠한 면은 광택이 난다. 보통 틀의 표면을 왁스로 문지르고 그 위에 이형제를 칠한다. 얼마 동안 건조시키면 틀 표면에 얇은 피막이 형성되고 완성했을 때 성형품에 붙어 떨어져 틀에서 떼어내기 쉬워진다. 성형품에 붙은 이형제는 물에 씻으면 제거된다.

(6) 왁스

왁스는 이형제의 하나로 사용된다. 보통 위의 포발계 이형제를 칠하기 전에 왁스를 칠하는데, 틀 표면의 평활성이 좋은 경우에는 왁스만으로도 쉽게 탈형할 수 있다. 그러나 초보자가 사용하는 경우에는 포발계 이형제도 겸용하는 것이 바람직하다.

왁스는 FRP 전용의 왁스를 비롯하여 여러 가지 종류가 있으며 자동차용 왁스를 사용할 수도 있다. 자동차용 왁스를 사용하는 경우에는 자동차를 닦을 때와 마찬가지로 틀 표면에 왁스를 칠하고 20~30분 건조시킨 후에 왁스를 닦아낸다. 이것을 2~3회 반복한다.

(7) 세제(아세톤)

전술한 바와 같이, FRP 성형 작업은 끈적끈적한 어려운 작업이다. 성형에 사용한 붓과 롤러, 용기 등은 사용 후에 그대로 두면 굳어져 재사용이 거의 불가능하게 되므로, 사용 후에는 아세톤 등에 잘 세척할 필요가 있다. 아세톤은 휘발성이 높고 냄새가 강한 용제이므로 화기에 주의해야 한다.

⑻ 붓과 롤러

FRP 성형에서는 유리섬유 위에 수지를 입혀서 틀에 밀착시키게 되는데, 이때 유리섬유 속에 잔류되어 있는 공기(기포)를 밀어내는 것으로는 롤러가 유효하다. 그리고 롤러가 미치지 못하는 세세한 곳과 좁은 곳에 수지를 주입시키기 위해서는 붓을 사용해야 한다. 붓은 너무 부드러운 것보다 돼지털 같은 붓이 효과적이다.

⑼ 비닐·컵

성형 작업을 하는 경우 폴리에스테르 수지를 비닐 컵에 필요한 양만큼 덜어서 사용하면 편리하다. 눈금이 붙은 컵을 사용하는 것이 더욱 편리하고, 수지의 양에 대응하여 스포이트로 경화제를 첨가하여 충분히 섞은 다음 사용한다. 비닐 컵에 부착된 폴리에스테르 수지는 사용 후에 굳어지더라도 쉽게 벗겨낼 수 있다.

⑽ 줄·사포

FRP 성형이 끝난 후 붙어 있는 불요 부분 제거와 표면을 매끈하게 다듬기 위해 줄이나 사포를 많이 사용한다. 줄과 사포는 FRP 전용을 사용하는 것이 효과적이다.

⑾ 방진 마스크와 보안경

FRP 성형 작업은 유리섬유를 다루거나 절단할 때 섬유가 공중에 비산하게 된다. 또 굳어진 후에 절단하거나 사포로 연마할 때도 마찬가지이다. 이것을 인간이 호흡하는 것을 예방하기 위해서는 방진 마스크를 착용하는 것이 현명하다. 또 수지가 튕겨지거나 성형 후 절단할 때 파편이 눈에 들어가는 불상사도 있으므로, 작업할 때는 반드시 보안경을 착용하기 바란다.

4.9.3 FRP 성형의 순서

이상 FRP 성형에 사용하는 재료와 공구 등을 설명하였다. FRP 성형에는 상당한 오랜 공정이 필요하다. 이하 성형의 개요를 이해하기 위해 몇 가지 공정으로 나누어 설명하겠다.

공정① 원형 제작

먼저 블레이드 원형을 만든다. 성형에 의한 제작에서는 원형이 가장 중요한 공정이다. 원형이 불량하면 성형한 제품도 마찬가지로 결코 안정된 것이 되지 못한다. 따라서 제작에는 충분한 시간을 들여 정성스럽게 제작하기 바란다.

● 재료

원형으로는 목재, 석고 또는 우레탄 등을 사용할 수 있으나, 여기서는 가공하기 쉬운 목재를 사용하기로 한다. 약간 단단한 목질이 가공하기 용이하므로, 비교적 저렴한 미송이나 노송나무 등이 적절하다.

● 절단, 마무리

제작하는 블레이드의 설계 형상을 준비한 다음, 사전에 목재에 연필로 그린다. 그린 다음에 톱으로 대충 잘라낸 다음, 다시 주변에 연필로 설계 형상을 그리고, 이번에는 끌과 대패 등을 사용하여 그림 4.48처럼 대충 깎는다. 이 작업에서 전동 스크레버를 사용하면 더욱 편리하다.

목재 가공 때 너무 과하게 자르거나 상처를 내는 경우가 있으므

그림 4.48 초벌작업 　　　　　　 그림 4.49 제작 중인 원형

로, 그러한 경우에는 목공용 퍼티(putty)를 사용하여 구멍을 메우고, 목재의 옹이 부분 역시 끌로 파낸 다음 그 자리에 목공용 퍼티로 구멍을 메운다. 그리고 설계대로 형상이 되면 이번에는 사포를 사용하여 표면을 매끄럽게 만든다. 가능하다면 전기 드릴에 회전형 사포를 부착하여 가공하는 것이 효율적이며, 끝으로 사포로 표면의 요철을 정성스럽게 제거한다. 그림 4.49는 제작 중인 원형이다.

공정② 니스와 우레탄에 의한 도장

다음에는 먼저 락니스(lac Varnish)를 칠한다. 락니스는 목재에 스며들어 가므로 표면 경도를 향상시키고 이후 작업을 용이하게 한다. 락니스를 충분히 건조시킨 다음, 사포로 표면의 요철을 제거한 후 우레탄 도료를 칠한다. 그림 4.50은 도장한 후의 블레이드 모습이다.

우레탄 도료는 1액성과 2액성이 있는데, 이 블레이드 작업에는 2액성의 우레탄 도료를 사용하는 것이 바람직하다. 그 이유는, 1액성은 굳는 시간이 길고 때로는 며칠이 경과하여도 완전하게 굳어지지 않는 것이 있기 때문이다.

우레탄 도료는 처음 칠하고 충분히 마른 다음에 사포로 표면의 상처와 요철을 제거한 다음 두 번째 칠을 한다. 이것을 최소 3~4회 반복하여 표면이 매끈하고 반짝반짝 윤이 나도록 한다.

이 작업은 인내가 필요한 작업이며, 우레탄 도료를 칠할 때는 솔의 털이 빠져 붙거나 먼지가 묻기도 하므로, 미리 작은 핀셋을 준비해 뒀다가 털이나 먼지를 집어내어 깨끗하게 마무리해야 한다. 먼지가 날지 않는 청결한 장소에서 작업하는 것도 선결 조건이다.

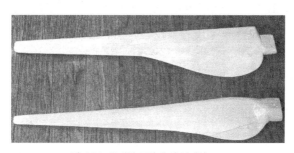

그림 4.50 우레탄 도장 후의 블레이드

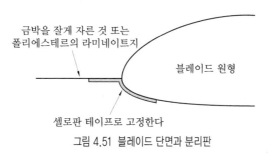

금박을 잘게 자른 것 또는
폴리에스테르의 라미네이트지

블레이드 원형

셀로판 테이프로 고정한다

그림 4.51 블레이드 단면과 분리판

또 완성된 후에 허브에 장착하기 위한 구멍을 뚫어야 하기 때문에 미리 원형에 구멍 뚫을 부분에 凹자욱을 내어 두면 완성 후 구멍 위치를 쉽게 결정할 수 있다.

공정③ 암틀의 제작

원형이 완성되면, 다음에는 FRP에 의한 암틀을 제작해야 한다. FRP에 의한 원형의 암틀을 만들기 위해서는 원형을 분할형으로 할 필요가 있다. 그림 4.51과 같이 블레이드의 윗면과 아랫면을 잘라 판금(0.1 mm 두께의 놋쇠판) 또는 라미네이트된 두꺼운 종이로 세퍼레이트한다. 표면이 폴리에스데르이고 라미네이트된 두꺼운 종이도 이형성이 좋아 많이 사용된다. 이 분리판은 원형에 밀착시켜 세울 필요가 있지만, 편법으로 아랫면에 셀로판 테이프 등으로 단단하게 고정시켜도 된다. 블레이드 전체에 분리판을 세운 후 윗면에 왁스를 도포하여 연마한다.

● 왁스 칠과 이형제 도포

이 윗면을 FRP로 굳히고, 굳어진 후에 이형할 필요가 있다. 왁스는 자동차용을 사용해도 되지만, 전용의 블루 왁스를 구입해 쓸 수도 있다. 왁스 칠은 자동차 보디에 왁스를 칠할 때와 마찬가지로 고르게 정성을 들여 칠한 다음, 마른 천으로 문지르기를 2~3회 반복한다.

왁스를 칠한 부분이 매끈매끈한 상태로 건조되면, 다음에는 이 위에 포발계 이형제를 도포하여 건조시킨다. 단, 분리판의 라미네이트지는 쉽게 이형되므로 이 부분은 이형제만으로도 충분하다. 이형제는 수지나 용제에도 용해되지 않으므로, 성형 후 왁스 면과의 사이를 떨어지기 쉽게 하기 위해서이다.

● 겔코트 도포

암틀의 표면을 깨끗하게 마무리하기 위해 겔코트 수지를 칠한다. 겔코트 수지는 백색과 흑색이 있지만 암틀에는 흑색이 바람직하다. 그 이유는 최종 제품을 성형할 때도 겔코트 수지를 칠하게 되는데 같은 색깔을 사용하면 칠한 부분을 분별하기 어렵기 때문이다. 겔코트 수지는 입자가 미세하므로 성형 후의 표면이 고경도로 되고 광택이 나는 매끈한 표면으로 마무리하기 위해 사용한다. 이 수지는 폴리에스테르 수지와 마찬가지로 경화제를 적당량(1~2%) 섞음으로서 몇 시간이면 굳어진다. 붓을 사용하여 왁스와 이형제를 칠한 원형 윗면의 전면에 칠한다. 그리고 굳어지기까지 한나절 내지 하루 정도 놓아 둔다.

● 유리섬유를 놓고 폴리에스테르 수지로 굳힌다

다음에는 그림 4.52와 같이 겔코트 수지 위에 유리섬유를 놓고 폴리에스테르 수지로 굳힌다. 이때 암틀의 강도를 확보하기 위해 여러 가지 유리섬유를 차례로 겹쳐 쌓아 적층한다.

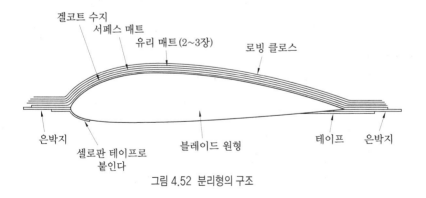

그림 4.52 분리형의 구조

먼저 비닐제 컵에 폴리에스테르 수지를 필요한 양만큼 덜어내어 경화제를 적당량 첨가한다. 다음에 서페이스 매트, 유리 매트 1~2장, 로빙 클로스 2~3장 순으로 겹쳐 쌓아 나아간다. 블레이드가 약간 대형인 경우에는 최후에 로빙 클로스를 적층하여 강도를 보강하는 것이 좋다. 유리섬유는 칠을 하여 굳히기 전에 먼저 필요한 크기로 절단하여 작업을 진행한다. 작업은 신속하게 진행해야 한다. 왜냐 하면 10~30분이면 수지가 굳어지기 시작하기 때문이다. 유리섬유는 가위로 쉽게 절단할 수 있지만 절단할 때 가루가 생길 수 있고, 그것이 부유물로 공기 중에 혼재할 수도 있으므로 방진 마스크를 착용하거나 환기 팬을 사용하고, 또 통풍이 잘 되는 장소에서 절단하는 것이 바람직하다.

이 유리섬유들을 차례로 겹쳐 쌓고 폴리에스테르 수지를 칠하여 굳힌다. 이때 기포가 생기지 않도록 세심하게 칠하는 것이 좋다. 기포가 생긴 부분은 롤러 또는 붓으로 문질러 교정한다. 굳어지면 이제 블레이드 윗면의 암틀은 완성된 셈이다. 이 상태 그대로 윗면과 아랫면의 분리판인 은박지를 벗긴다.

다음에 유리섬유와 폴리에스테르 수지로 윗면과 같은 공정으로 아랫면의 암틀을 만든다. 아랫면의 수지가 굳어지면 암틀의 제작은 끝난다.

● 위치 결정용 나사 구멍을 뚫는다

후에 이 아래위 암틀을 사용하여 성형을 하는데, 윗면과 아랫면의 위치를 정확하게 맞출 필요가 있으므로 블레이드 주위 1~3 cm 위치에 나사 구멍을 뚫어 두면 편리하다.

나사 구멍을 뚫은 후에 윗면 틀과 아랫면 틀을 분리한다. 윗면과

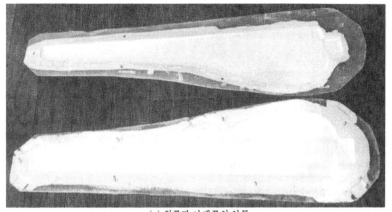
(a) 위쪽과 아래쪽의 암틀

(b) 2장을 접합한 다음 나사로 고정한다
그림 4.53 완성된 암틀

아랫면 사이에 일자 드라이버 등으로 힘을 가하여 신중하게 분리한
다. 분리가 끝나면 주변의 불필요한 돌출물들은 쇠톱으로 잘라내어
제거하고 부착한 이형제도 물에 씻어내면 모두 완성된다.

공정④ 최종 제품의 성형
● 암틀과 같은 공정으로 FRP를 만든다

암틀이 완성되면(그림 4.53) 드디어 제품을 성형하는 최종 공정
에 들어간다. 제품의 성형도 암틀을 만들 때와 같은 방법으로 만
든다. 즉, 암틀 내면에 왁스를 칠하고 충분히 연마한 후에 이형제를
칠한다. 그리고 충분히 건조시킨 다음 겔코트 수지를 칠한다. 앞에

서도 당부한 바와 같이 겔코트 수지는 여러 가지 색깔이 있으므로 최종 제품의 색깔에 맞추어 고르는 것이 좋다. 겔코트 수지가 충분히 굳어지면, 그 위에 서페이스 매트, 유리 클로스, 매트 순으로 폴리에스테르 수지로 굳힌다.

● 상하 틀을 접합한다

이 작업에서 중요한 점은 유리섬유가 암틀 바깥으로 삐어져 나오지 않도록 사전에 절단하는 일이다. 암틀은 윗면과 아랫면이 있으므로 동시에 이 작업을 진행하고, 최후에 두 틀을 겹쳐 합친다. 이 때 윗면과 아랫면이 효과적으로 접합될 수 있도록 하기 위해 접촉부의 유리섬유는 적층수를 늘려서 약간 봉긋하게 한다.

공정⑤~⑥ 나사로 고정시킨 다음 이형한다

그림 4.54와 같이 상하의 암틀을 접합하여 나사로 고정시킨 다음 굳어질 때까지 그대로 둔다. 그리고 충분히 굳어지면 이형하여 완성한다.

● 접합 상태

블레이드가 소형인 경우에는 위에서와 같이 윗면과 아랫면을 동시에 만들어 곧장 접합할 수 있지만, 일단 접합한 후에는 어떤 상태

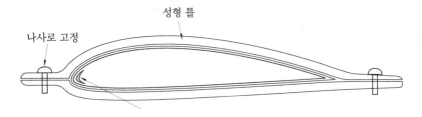

그림 4.54 위 아래의 암틀을 접합한다

로 접합되어 있는가를 알 수 없다. 따라서 블레이드가 약간 대형인 경우에는, 윗면과 아랫면을 결합하는 작업은 윗면과 아랫면을 따로 성형한 다음, 쇠톱이나 줄로 맞붙이는 부분을 말끔하게 다듬은 뒤 접합부에 로빙을 사용하여 접착하는 방법도 있다.

그림 4.55는 윗면과 아랫면 사이에 $38\mu m$ 두께의 폴리에스테르 필름을 끼워 넣고 일단 윗면과 아랫면을 분리하여 경화시킨 그림이다. 폴리에스테르 필름은 수지가 굳어져도 쉽게 벗겨지므로 수지가 굳어진 후에 윗면과 아랫면을 벗겨내어 접합면을 확인할 수 있다. 뿐만 아니라 약한 접합면이 발견된다면 그 부분을 로빙 등으로 보수한 다음 다시 접합할 수도 있다. 이렇게 하면 윗면과 아랫면의 강도를 보강할 수 있다.

윗면과 아래면 사이에 0.05mm 이하의 폴리에스테르 필름을 끼워 경화시킨다

그림 4.55 폴리에스테르 필름을 분리판으로 끼워 넣는다

F : 유리 매트를 겹쳐 쌓아 공극을 없앤다
E : D+유리 매트 1장
D : C+유리 매트 1장
C : B+유리 매트 1장
A : 서페이스 매트+유리 클로스
B : A+유리 매트 1장

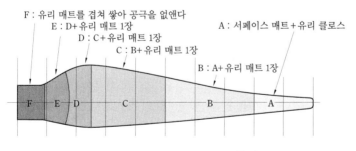

그림 4.56 위 아래의 암틀을 접합한다

● 위치에 따라 유리섬유의 장수를 달리한다

블레이드가 회전하면 커다란 원심력이 작용한다. 그 원심력에 견딜 수 있도록 블레이드를 장착하는 부분은 충분한 강도가 필요하다. 따라서 그림 4.56과 같이 블레이드의 위치에 따라 유리섬유의 장수를 달리한다. 즉, 블레이드 선단부는 그 두께가 수 mm가 되므로 서페이스 매트와 클로스만으로도 충분한 강도를 얻을 수 있다. 그러나 블레이드 장착부 부근에는 큰 원심력이 작용하므로 유리 매트를 4장 정도 적층하는 것이 적절하다.

● 로빙으로 강도 보강

허브에 장착하는 부분은 공동(空洞)으로 두지 말고 수지를 충전할 필요가 있다. 사전에 허브부의 치수에 맞춘 FRP의 덩어리를 만들어 두었다가 상기 작업 때 매입하는 것도 한 방식일 수 있다. 또 허브부는 가장 큰 힘이 작용하므로 그림 4.57처럼 로빙을 배치하여 강도를 보강하도록 한다.

그리고 폴리에스테르 수지로 굳힐 때 수지의 양이 과한 부분은 굳어질 때 열이 발생한다. 이 열로 인하여 수지가 변색될 수도 있으므로 허브부처럼 수지량이 많은 부분에서는 선풍기 등을 사용하여 냉각시키면서 작업을 진행하는 것도 좋은 방법일 것이다.

4.9.4 허브에 장착

이것으로 블레이드는 완성되었다. 3개를 똑같이 제작하여 허브에 장착한다. 허브 부분은 그림 4.58과 같이 5 mm 두께의 알루미늄 판을 약 180~240 mm의 원형으로 절단하여 발전기 샤프트에 장착하기 위한 극히 간단한 것이다. 샤프트에 대한 장착은 $\phi 40$ mm

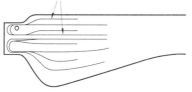

로빙을 배치하여 강도 보강

그림 4. 57 로빙으로 강도를 보강한다

(a) 블레이드를 장착하는 쪽

(b) 샤프트 쪽

그림 4.58 허브부에 장착

그림 4.59 완성된 고속 회전용 FRP 블레이드

그림 4.60 완성된 블레이드를 장착한 풍력발전기

의 알루미늄 봉을 가공한 것으로, 발전기 회전축에 볼트로 조여 고정한다.

블레이드는 3개를 장착해야 하므로 120° 간격으로 장착한다. 위치가 정확하지 못하면 밸런스가 잡히지 않으므로 정확한 간격으로 장착해야 한다. 또 완성된 로터 블레이드는 부하가 없는 축에 장착하여 밸런스를 점검한다. 바로 완전한 밸런스를 얻기는 어려운 일이므로 허브 부분에 5~30 g 정도의 밸런서를 장치하여 밸런스를 조정한다. 이 밸런스 조정은 매우 중요하다. 즉, 풍차에 장착한 경우 밸런스가 나쁘면 진동의 근원이 되고, 진동은 에너지를 빼앗아 출력 저하로 이어지기 때문이다. 그림 4.59와 4.60은 완성된 로터 블레이드와 이를 장착한 풍력발전기의 모습이다.

제 5 장

배터리 충전 제어장치

5.1 풍력발전의 특성과 배터리 충전 제어회로

풍력발전기를 가동하여 얻는 전력은 풍속에 따라 시시각각 변화하므로 매우 불안정한 에너지라 할 수 있다. 따라서 획득한 전력을 직접 이용하는 것도 물론 어렵다. 그래서 풍력발전기의 경우는 일반적으로 발생한 전력을 일단 배터리에 충전한 다음 축적된 그 전력을 이용한다. 이렇게 하면 배터리에 축적된 전력을 야간에 자동적으로 점등하는 옥내외의 조명이나 통신기기의 전원으로 필요한 때에 이용할 수 있다.

5.1.1 배터리 충전회로

발전기로 얻은 전력을 배터리에 충전하는 가장 간단한 방법은 발전기 출력에서 다이오드를 거쳐 직접 배터리에 접속하는 방법이다. 컷인 풍속에서의 발전기 출력전압이 배터리의 전압과 같도록 하면 발전 시작과 동시에 충전이 가능하다.

그림 5.1은 그 기본 원리 회로이다. 풍속이 서서히 커지면 풍차의 회전수가 상승하고 발전기의 출력전압이 높아지며, 배터리 전압보다 높아지면 충전전류가 흐른다. 일반적으로는 대부분 이처럼 간단한 충전회로가 사용되고 있지만 이보다 더 효율적으로 발전기를 가동하기 위한 충전회로도 생각할 수 있다. 이 원리적인 충전회로라면 풍속이 작을 때는 발전기 출력전압이 낮고 충전을 시작하는 풍속

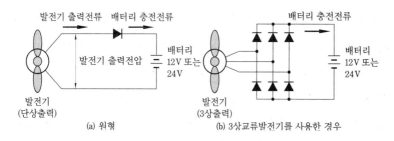

발전기 출력전류　배터리 충전전류

발전기 출력전압

배터리
12V 또는
24V

발전기
(단상출력)

(a) 원형

배터리 충전전류

배터리
12V 또는
24V

발전기
(3상출력)

(b) 3상교류발전기를 사용한 경우

그림 5.1 원리적인 배터리 충전회로의 예

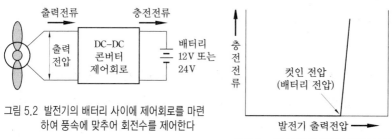

출력전류　　충전전류

출력
전압

DC-DC
콘버터
제어회로

배터리
12V 또는
24V

그림 5.2 발전기의 배터리 사이에 제어회로를 마련
하여 풍속에 맞추어 회전수를 제어한다

충
전
전
류

컷인 전압
(배터리 전압)

발전기 출력전압 →

그림 5.3 그림 5.1에서 발전기 쪽에서 부하
쪽을 본 개략의 입력 특성

은 약간 커진다. 또 풍속이 커져도 발전기의 출력전압이 배터리의
전압 이상으로 상승할 수 없기 때문에 발전기 부하 토크가 커지고
풍차 블레이드의 회전수가 어떤 일정 값으로 억제되게 된다. 즉, 효
력면에서는 가장 적합하다고는 할 수 없다.

그래서 풍력발전기를 최대 효율로 동작시키기 위해 그림 5.2와
같이 발전기와 배터리 사이에 제어회로를 마련하여 풍속에 부응하
여 회전수를 변화시키는 가변속 운전 방법을 시도하였다.

5.1.2 최대 출력을 얻는 방법

그림 5.3은 발전기 출력에서 다이오드를 거쳐 직접 배터리에 충

전하는 경우, 발전기 쪽에서 부하 쪽을 본 개략의 입력 특성이다. 예를 들면, 풍속이 커지고 발전기의 출력전압이 상승하였을 때 그 전압이 배터리 전압(12 V 또는 24 V)이 되면 충전을 시작하지만 발전기의 출력전압은 배터리 전압으로 고정되게 된다.

따라서 풍속이 커져 충전을 시작한 후에는 발전기의 부하 토크가 급속하게 커져 풍력이 강해져도 블레이드의 회전수는 거의 일정 값으로 고정되게 된다. 마치 발전기가 전류원이 되어 부하에 전지를 연결한 것과 같은 동작을 한다.

(1) 최대 토크를 얻을 수 있는 풍차 블레이드의 회전수

앞 장에서 기술한 바와 같이, 풍속이 일정할 때 풍차에서 발생하는 토크가 가장 커지는 최적 회전수가 있다. 그림 5.4는 FRP제의 지름 1.2m 블레이드를 3장 구성한 블레이드를 측정한 토크 특성이다. 풍차 블레이드의 형상과 풍속이 일정하다면 풍차 블레이드가 회전을 시작하는 기동 때는 토크가 작고, 회전을 시작하면 토크는 서서히 커진다. 그리고 어느 회전수가 되었을 때 토크가 최대가 되고, 회전수가 더욱 커지면 토크가 낮아진다. 즉, 로터 블레이드의 회전수는 어느 정도의 회전수가 되지 않으면 토크를 얻지 못한다.

또 출력전력은 발생 토크와 회전수의 곱이므로 풍속이 변화하였을 때 그림과 같이 출력이 최대가 되는 최적 포인트가 변화한다. 따라서 풍속이 커졌을 때는 풍차 블레이드의 회전수를 풍속에 맞추어 크게 하는 것이 가장 좋은 제어라 할 수 있다.

(2) 부하전류가 발생 전압의 세제곱에 비례하도록 하면 효율이 가장 좋다

한편, 발전기의 출력전압은 회전수에 거의 비례한다. 또 발전기의 구동 토크는 발전기로부터 얻어내는 전류에 비례한다. 그림 5.5와 그림 5.6은 이 실측값의 예이다. 그림 5.4의 회전수 대 토크 특성에서, 회전수를 전압이라 간주하고 토크를 전류라고 볼 때 출력 최대

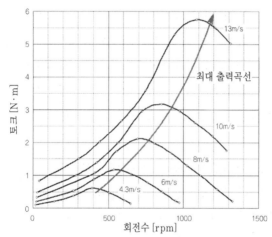

그림 5.4 블레이드의 회전수 대 토크 특성과 최대 출력곡선(FRP제의 지름 1.2 m 블레이드 3장 구성)

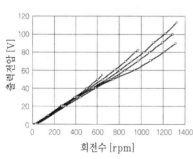

그림 5.5 발전기의 회전수 대 출력전압 특성

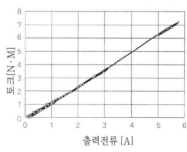

그림 5.6 발전기의 출력전류 대 토크 특성

곡선에 따른 부하곡선을 얻는다면, 최적한 제어를 얻는 결과가 된다. 즉, 풍속에 부응하여 블레이드의 회전수를 최적화하도록 발전기의 부하 특성을 제어하는 방법이 가장 유효하다고 할 수 있다.

그림 5.7은 FRP제 지름 1.2m, 3장 블레이드를 측정한 결과를 토대로 풍속과 토크 최대점의 곡선을 기록한 것이다. 그림을 통하여 알 수 있듯이, 블레이드에서 발생하는 토크는 풍속의 약 제곱에 비례한다.

이처럼 회전수와 발전기의 출력전압 및 토크와 발전기의 전류는 거의 비례관계에 있으므로, 발전기로부터 획득한 출력은 발생전압의 제곱에 비례하는 전류를 얻어냄으로써 최적 부하조건을 획득하게 된다. 즉, 실제로는 발전기의 내부 저항과 기타 요인으로 부하전류가 발생전압의 세제곱에 비례하도록 제어하는 것이 가장 효율적이다.

5.1.3 DC-DC 컨버터에 의한 충전 제어회로

(1) 발전기 쪽에서 본 제어회로의 입력 특성

상술한 풍차 블레이드의 특성에 따라 발전기에서 본 제어회로의 입력 특성은 그림 5.8과 같이 입력전압이 어느 값까지는 전류가 거의 흐르지 않고 어느 전압값에 이르면 갑자기 전류가 흐르기 시작하는 특성이 좋은 특성이라고 볼 수 있다. 이 특성은 전술한 바와 같이 전압의 제곱 내지 세제곱에 비례하는 전류가 흐르도록 하는 것이 가장 효율적이다.

이렇게 하면 풍속이 작은 경우 블레이드의 회전수가 작고 발생전압도 작기 때문에 전류가 흐르지 않는다. 전류가 흐르지 않으므로 발전기의 구동 토크가 작아져 원활하게 회전을 시작한다. 그리고

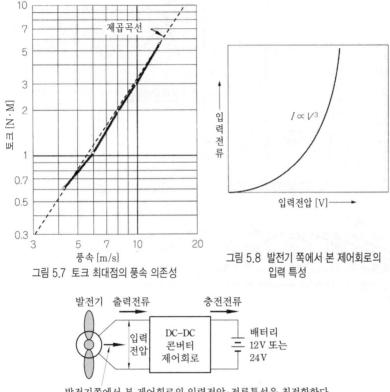

그림 5.7 토크 최대점의 풍속 의존성

그림 5.8 발전기 쪽에서 본 제어회로의
입력 특성

발전기쪽에서 본 제어회로의 입력전압·전류특성을 최적화한다

그림 5.9 발전기를 최적 동작시키기 위해 DC-DC 컨버터 제어회로를 개재시켜
충전한다.

풍속이 어느 값 이상이 되면 전류가 서서히 흐르기 시작하여 발전을 시작한다. 그리고 풍속이 더욱 커지면 발전기의 부하가 급속히 무거워진다.

이와 같은 부하 특성을 가지고, 또한 발전기에서 발생한 전력을 손실이 없는 상태로 배터리에 충전하기 위해서는 그림 5.9와 같이 DC-DC 컨버터 제어회로를 개재시키는 방법이 유효하다. 전력 손실을 동반하지 않고 이와 같은 특성을 실현하기 위해서는 교류 트랜스를 사용하여 권선 탭을 전환하거나 발전기 자체의 권선에 탭을 설치하여 릴레이 등을 사용하여 전환하는 방법을 생각할 수 있다. 그러나 실제로는 매우 복잡하여 실용적이지 못하다.

(2) DC-DC 컨버터의 기초

이하, DC-DC 컨버터에 대하여 간단하게 기술하겠다. DC-DC 컨버터는 에너지를 절약하는 차원에서 최근 전자기기에 많이 사용되고 있다. DC-DC 컨버터는 직류전압을 변환하는 회로이다. 일반적으로 전압을 변환할 때는 전력 손실을 수반하는데, 이 손실을 어떻게 경감하느냐가 중요하다. 가전기기를 비롯하여 각종 전자기기에 사용되고 있는 스위칭 방식의 DC-DC 컨버터는 이 손실이 적다. 즉, 전력효율이 높은 방식이다.

이 스위칭 방식은 그림 5.10에 보인 바와 같이 여러 종류가 있으며 각각 특징이 있다. 가장 간단하고 약간 소전력을 다루는 기기의 전원에 사용되는 것이 초퍼 방식이다. 초퍼 방식은 입력과 출력의 절연이 불필요한 경우에는 유효하지만 입출력의 전기적 절연이나 큰 전력을 다루는 경우에는 트랜스를 사용한 푸시풀 방식이 많이 사용된다.

(3) 초퍼 방식 DC-DC 컨버터의 동작 원리

대표적인 스위칭 방식 DC-DC 컨버터인 초퍼 방식에 대하여 동작 원리를 설명하겠다.

그림 5.11은 DC 컨버터 회로의 원리도이다. 그림과 같이 스위칭

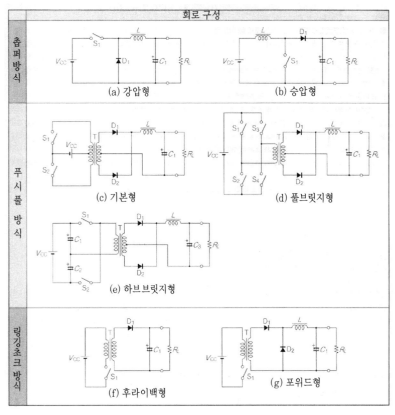

그림 5.10 DC-DC 컨버터의 각종 스위칭 방식

회로는 스위치 소자로 예컨대 파워 MOSFET(전력용 전계효과 트랜지스터)를 사용하고, 쇼트키 바리아 다이오드 D와 인덕터(코일) L 및 평활용 콘덴서 C로 구성된다.

스위치 소자 Tr에 의해서 입력 직류전압 V_{in}을 일정 시간 도통(ON)함으로써 인덕터 L에는 시간과 더불어 증가하는 전류가 흘러 에너지를 축적한다. 다음에 스위치 소자를 비도통(OFF)으로 하면 인덕

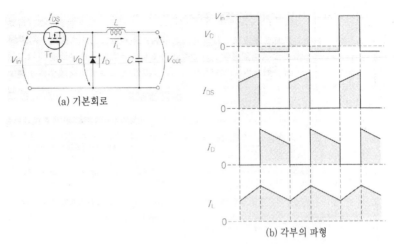

(a) 기본회로

(b) 각부의 파형

그림 5.11 촙퍼 방식의 DC-DC 컨버터의 원력적인 회로와 동작 파형

터 L에 축적된 에너지는 다이오드 D를 거쳐 출력된다. 이렇게 발생한 전압을 콘덴서 C로 평활하면 직류 출력을 끌어낼 수 있다. 이때 스위치 소자의 도통시간을 변화시키면 인덕터에 축적되는 에너지 양이 변하여 출력전압을 가변할 수 있다.

즉, 스위치 소자의 도통(ON)시간을 변화함으로써 출력전압을 조정할 수 있다. 게다가 스위치 소자와 인덕터에 저항분이 없다면 전력 손실은 전혀 없어져 무손실로 전압을 변환할 수 있다. 실제로 FET에는 내부저항이 있고, 인덕터에도 직렬저항이 존재하므로 효율은 80~90% 정도에 머문다.

근년 지구 환경을 지키기 위해 세계적으로 탄소 배출 억제가 과제가 되고 있고 전력도 유효하게 활용해야 한다는 소리가 높아, 스위칭·레귤레이터가 많은 방면에서 활용되고 있는데, 그 원리는 모두 위에서와 같은 스위칭 방식의 DC-DC 컨버터가 기본이 되고 있다.

5.2 300 W급 충전 제어회로

구체적인 제어 회로로 300 W급의 DC-DC 컨버터에 대하여 기술하겠다. 그림 5.12는 초퍼 방식 스위칭 회로의 기본 회로이다. 이 기본 회로를 4개 병렬로 동작시키는 형태로 구성하였다.

풍력발전기의 출력은 전술한 바와 같이 풍력에 적응한 가장 적합한 부하조건을 만들 필요가 있다. 그러기 위해서는 입력전압은 20 V 정도에서 최대 80~100 V의 넓은 입력전압 범위에서 동작해야 한다. 또 취급하는 전력은 300 W 이상이므로 초퍼형 스위칭 회로 하나로는 스위치용 트랜지스터의 정격상 무리이다. 그래서 가장 단순한 방법으로 초퍼 방식의 스위칭 회로를 4개 병렬로 동작시키기로 했다.

초퍼형 스위치 회로는 입력과 출력을 전기적으로 절연하는 경우에는 사용할 수 없지만 소형 풍력발전에서는 배터리에 충전하면 되고, 입·출력의 절연도 필요하지 않다. 따라서 초퍼형은 트랜지스터가 불필요하고 인덕터만으로 가능하기 때문에 회로가 간단한 장점이 있다.

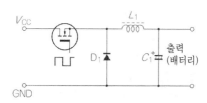

그림 5.12는 초퍼 방식 스위칭 회로의 기본 회로

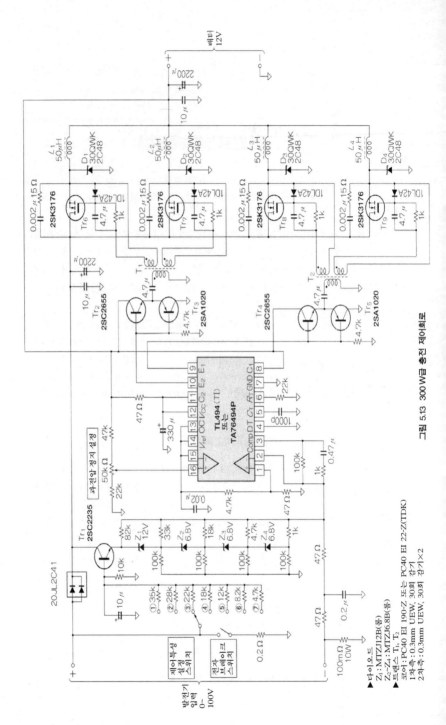

그림 5.13 300 W급 충전 제어회로

그림 5.13은 이렇게 제작한 300 W급 충전 제어기의 전 회로이다. 이 회로는 배터리 전압 12 V를 이용하여 상시 제어 IC를 동작시킨다. 따라서 바람이 없을 때는 상시 약간의 전력(0.1 W 정도)을 소비하지만 영향은 거의 없다.

5.2.1 스위칭 전원 컨트롤러 IC TL494

스위칭 펄스를 발생시키는 제어회로에는 TL494(텍사스 인스트루먼트사)라는 PWM(Pulse Width Modulation) 방식 스위칭 전원 컨트롤러 IC를 사용하고 있다. 이 IC는 약간 구식의 스위칭 전원 제어용 IC이지만, 유명한 범용 IC로, 여러 가지 목적으로 사용할 수 있다. 물론 같은 IC를 다른 여러 회사들도 제조하고 있다. 예를 들면, TA76494P(토시바), μPC494C(NEC일렉트로닉스), TL494(원 세미콘덕터) 등이 있다. 그림 5.14는 이 IC의 내부 블록도이고, 그림 5.15는 타임차트, 그림 5.16은 핀 배치도이다.

원래 이 IC는 정전압 전원을 목적으로 설계된 것이지만, 에러 앰프의 단자 등은 내부에서 접속되어 있지 않으므로 풍력발전의 배터리 충전 제어회로에도 사용하기 편리한 IC이다.

이 IC는 그림 5.14의 블록도처럼 두 에러앰프, 조정이 가능한 발진기, 5 V 기준전압, 플립프롭, 출력회로, 데드타임 컨트롤 회로 등으로 구성되어, PWM 스위칭 회로에 필요한 모든 기능을 구비하고 있다. 이 IC는 초퍼 방식뿐만 아니라 푸시풀 방식의 전원에도 사용할 수 있다.

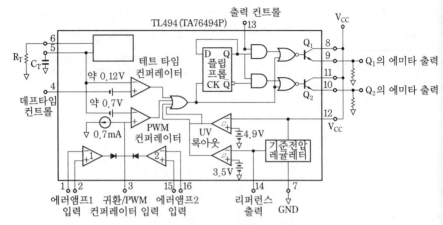

그림 5.14 스위칭 전원 컨트롤러 TL494의 내부 블록도

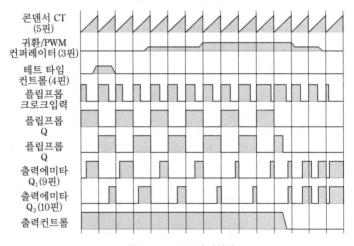

그림 5.15 TL494의 타임차트

5.2.2 회로의 동작

(1) 스위칭 주파수는 약 60kHz

TL494에 의해서 스위치 소자인 N채널 파워 MOSFET를 구동한다. 스위칭 주파수는 약 $60\,kHz$로 하였다. 최근의 스위칭 전원

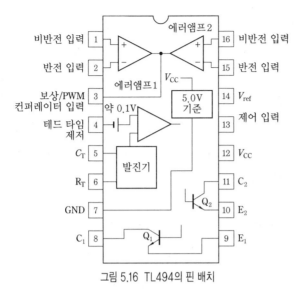

그림 5.16 TL494의 핀 배치

스위칭 주파수는 수백 kHz에서 높은 것은 MHz대의 고속이다. 이는 사용하는 인덕터를 소형화할 수 있는 장점이 있지만 반면에 효율을 악화시킬 수도 있다. 본 발전기의 용도에서는 소형화는 의미가 희박하므로 비교적 낮은 주파수로 국한했다.

(2) 스위칭 소자와 스위칭 제어회로의 동작

대전류를 스위칭하는 MOS 파워 FET 소자로 2SK3176(토시바)을 사용했다. 이 트랜지스터는 내압이 150 V, 펄스 최대 드레인 전류가 120A이므로 입력전압에 대한 여유는 충분하다. 스위칭 회로는 바이폴러형 트랜지스터로도 구성할 수 있지만 MOSFET가 입력전력이 작아도 되기 때문에 사용하기 편리하다. 또 이 회로에서는 구성상 P채널 FET가 적합하지만 고속·대전류의 FET는 N채널이 우수하고 구하기도 쉽기 때문에 N채널형을 사용하였다. 그 때문에 드라이브 회로에 소형 트랜스가 필요하다.

이 스위치 회로에서는 본래 4개의 스위치 회로는 위상을 엇갈려서 동작시키는 것이 이상적이지만, 여기서는 사용하는 제어IC의 형편상 2회로를 병렬동작 즉 2상으로 구동하고 있다. 또 역시 IC 사정으로 출력 컨트롤 단자(13번 핀)를 H로 하여 푸시풀 모드로 동작시키고 있으므로 스위칭 듀티비가 50% 이하가 되지만 입력전압과 출력전압(12 V 배터리)의 차가 크기 때문에 문제가 없다.

(3) 풍력발전기를 늘 최적 조건으로 동작시키기 위한 회로

이 회로에서는 풍력발전기를 항상 최적 조건으로 동작시키기 위해 입력전압의 세제곱에 비례하여 입력전류가 흐르도록 하였다. 엄밀하게 세제곱 특성을 만들기는 어려운 일이므로 제너다이오드 Z_1~Z_4로 구성되는 회로를 사용하여 근사적으로 입력전압의 세제곱에 비례하는 전압을 생성하여, 피드 포워드 제어함으로써 목적하는 특성을 얻고 있다.

그림 5.17은 이 특성을 생성하기 위한 기본 회로로, 발전기의 출력전류를 R_0에서 검출하고, 거기서 발생한 전압과 발전기의 출력전압에서 세제곱 특성 생성회로에 의해서 R_8에 발생한 전압의 차를 기준전압 V_{ref}와 비교함으로써 입력전압의 세제곱에 비례하는 입력전류가 흐르도록 하였다. 이 회로는 매우 유효하게 동작하여 블레이드에 합당한 특성을 유지함으로써 어떠한 풍속에서도 항상 최대출력을 얻을 수 있다.

블레이드의 형상과 발전기의 출력전압에 의해서 최적한 부하조건 (제어기의 입력 특성)을 선택할 필요가 있는데, 이것을 가능하게 하

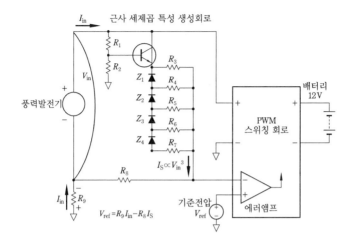

그림 5.17 근사적으로 입력전압의 세제곱에 비례하는 전압을 생성하여 피드 포워드 제어

기 위해 실제 회로에서는 그림 5.18과 같이 스위치에 의해서 최적 특성을 선정하도록 했다.

그림 5.18은 이 회로의 입력전압에 대한 입력전류를 측정한 것으로, 스위치에 의해서 전류값을 선택할 수 있다. 입력전압에 대한 전류값 은 대략 세제곱 특성 즉 입력전압이 2배가 되면 흐르는 전류는 약 8배가 되는 것을 알 수 있다.

(4) 인덕터와 트랜스

이 제어회로의 출력은 12 V의 배터리에 접속하는데 300 W 발전 때는 배터리 충전전류가 약 25A 흐른다. 파워 MOSFET($Tr_6 \sim Tr_9$), 쇼트키 바리아 다이오드($D_1 \sim D_4$) 및 출력 인덕터($L_1 \sim L_4$)에는 이 이상의 피크 전류가 흐르므로 이 전류에 견딜 수 있는 부품을 선정 할 필요가 있다. 또 인덕터 피크 전류에도 포화하지 않는 것이 필요

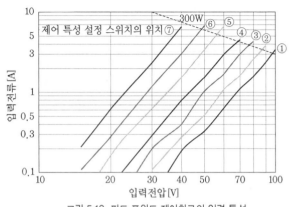

그림 5.18 피드 포워드 제어회로의 입력 특성

그림 5.19 $L_1 \sim L_4$에 사용한 트로이달 코일

그림 5. 20 티형 페라이트 코어와 보빈 등의 세트

하다.

그래서 그림 5.19와 같은 바깥지름 약 40 mm, 인덕턴스 약 50 μH의 트로이달 코일을 사용하였다. 트로이달 코일을 구하기 어려울 때는 그림 5.20과 같은 페라이트 코어에 ϕ20 mm 또는 ϕ0.7~1.0 mm의 폴리우레탄 선을 4~6가닥 모아서 10여 회 감고, 코어에 0.5~1 mm의 갭을 낸 것으로 대용할 수도 있다. 폴리우레탄 선(UEW：poly Urethane Enameled copper Wire)은 폴리우레탄 계 수지 도료를 소부한 에나멜선으로, 고주파 유전 특성이 뛰어나 고 피막을 벗겨내지 않고도 직접 납땜할 수 있으므로 각종 트랜스

나 센서, 코일 등에 광범위하게 사용되고 있다.

파워 MOSFET의 드라이브 트랜스는 TDK제의 페라이트 코어에 $\phi0.3\,mm$의 폴리우레탄 선(UEW) 3가닥을 겹쳐서 30회 감는다. 즉, 1:1:1의 고주파 트랜스로 사용하고 있다. 이 부분은 그다지 큰 전력을 다루지 않으므로 25 mm 정도의 EI형 코어도 충분하지만 여기서는 형편상 $\phi20\,mm$의 호리병형 코어를 사용하였다. EI형의 PC40 EI19-Z 또는 PC40 EI22-Z(모두 TDK사제)도 사용할 수는 있다.

(5) 방열에 대하여

이 충전 제어회로의 전력효율은 약 85 %이지만, 여유를 고려하여 80 %로 잡으면 300 W 입력 때 24 W의 전력을 소비한다. 따라서 최대 출력시에는 트랜지스터와 쇼트기 바리아 다이오드가 발열하므로 방열판에 장치할 필요가 있다. 여기서는 방열판에 장치할 뿐만 아니라 안전을 위해 전동 팬을 설치하여 방열판의 온도가 50 ℃ 이상이 되면 강제 냉각하도록 하였다. 그러나 실제로는 300 W 발전을 계속하는 일은 드문 일이므로 강제 공랭은 하지 않아도 될 것이다.

(6) 강제 정지 스위치

이 스위치를 ON으로 하면 발전기의 출력은 쇼트되고 전자 브레이크가 걸린다. 평소에는 OFF이지만 거치 때나 강풍 때에는 이 스위치를 ON으로 함으로써 블레이드 로터는 서서히 회전하여 거의 정지 상태가 된다.

입력전압, 입력전류 브레이크 전압 설정 배터리 전압, 충전전류

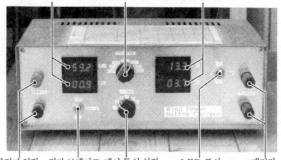

발전기 입력 전자 브레이크 제어 특성 설정 LED 표시 배터리
(① ~ ⑥) ON/OFF
(a) 후론트 패널

정류용 쇼트키
평활용 인덕터 바리어 다이오드 평활용 인덕터

파워 MOSFET 드라이브 트랜스 제어회로
(b) 내부 모습
그림 5. 21 300 W급 충전 제어장치

(7) 기타

풍차가 회전하지 않을 때 본 회로가 소비하는 전류는 약 10mA 이다. 이 정도의 전류라면 배터리로서는 자기방전에 가까운 값이므

로 문제가 되지 않는다.

또 실제 발전기에는 그림 5.21처럼 디지털 미터를 장치하여 발전 전압, 전류 및 배터리 전압, 충전전류를 감시하여 발전 상태를 볼 수 있도록 했다. 물론 LED 표시의 디지털 미터는 전력을 소비하므로 평상시에는 OFF로 하고 감시코자 할 때만 ON하도록 하였다.

5.3 700 W급 충전 제어회로

풍력발전기의 로터 블레이드가 작은 경우에는 전술한 300 W급 충전제어기로 충분하지만 지름이 2 m에 가까우면 1 kW에 육박하는 발전이 가능하다. 따라서 더욱 큰 전력을 다루기 위한 제어기가 필요하다.

5.3.1 푸시풀 방식의 센터 탭형 DC-DC 컨버터 회로

더욱 큰 전력을 다루기 위해서는 풀브리지 구성의 DC-DC 컨버터 회로를 채용한다. 그림 5.22는 그 기본 회로도이다. 그림에서와 같이 트랜스를 사용하고 4개의 파워 트랜스터를 써서 Tr_1과 Tr_4, Tr_2와 Tr_3을 교차로 ON/OFF하여 전압을 변환한다. 이 방식은 트랜스를 자작하므로 제작이 약간 어렵기는 하지만, 반면에 설계의 자유도가 높고 강압/승압 모두에 사용할 수 있다. 또 필요한 경우에는 입력과 출력을 전기적으로 절연할 수 있는 장점도 있다.

풍력발전에 사용하는 DC-DC 컨버터는 입력전압이 풍속(발전기 회전수)에 따라 크게 변화하지만 출력전압은 배터리에 접속하므로 거의 일정하다. 이 책에서 소개, 제작한 발전기는 출력전압을 높게 설정하였으므로 DC-DC 컨버터로는 강압형이 필요하다.

5.3.2 실제 회로

(1) 제어 IC와 파워 MOSFET의 드라이버 IC

그림 5.24는 700 W급 배터리 충전 제어기의 전 회로도이다. 스

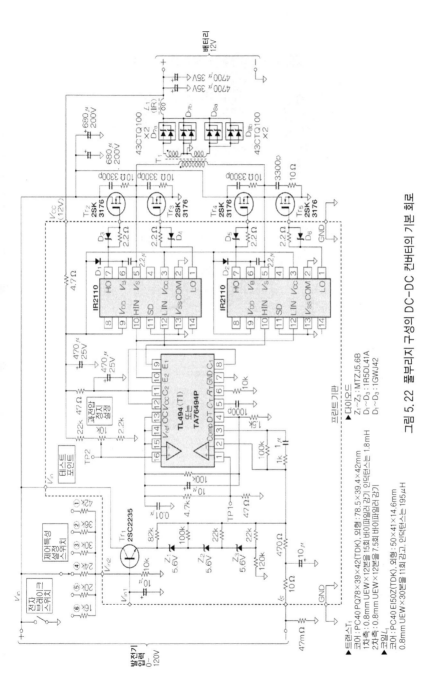

그림 5.22 풀브리지 구성의 DC-DC 컨버터의 기본 회로

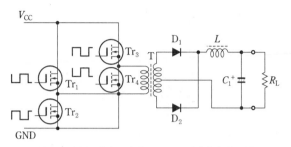

그림 5. 23 풀부리지 구성의 DC-DC 컨버터의 기본 회로

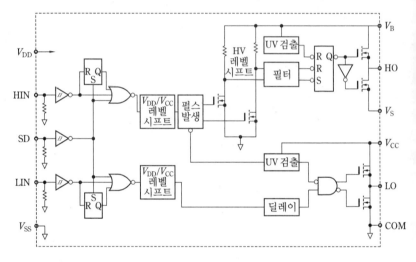

그림 5.24 MOSFET 드라이버 IR2110(인터내셔널 레크티파이어사)

위칭 소자로는 앞의 예와 마찬가지로 파워 MOSFET의 2SK3176 을 4개 사용하였다. 그 제어 IC도 앞의 예와 마찬가지로 TL494를 사용하고, 약간의 노력을 가함으로써 풍력발전에 필요한 입력 특성 을 얻는다.

출력단이 SEPP(Single Ended Push Pull) 회로이므로 그 드라 이브 회로에는 원래는 트랜지스터를 사용하거나 또는 부트스트랩

회로(bootstrap circuit)가 필요하지만 여기서 IR(인터내셔널 레크티파이어)사의 MOSFET 드라이버 IR2110을 사용했다. 이 IC는 고전압의 부트스트랩 기능이 있어 높은 사이드뿐만 아니라 낮은 사이드의 파워 MOSFET 게이트 드라이브 전압도 발생하므로 심플한 회로가 된다. 게다가 ON/OFF의 응답속도가 약 100 ns로 빠르고 명확한 동작의 드라이브가 가능하다. 그림 5.21은 IR2110의 블록도이다. 입력전압 범위는 0~ V_{DD}이므로 제어용 IC(TL494)와 직접 접속이 가능하다.

(2) 풍력발전기를 최적 조건으로 동작시키는 회로

풍력발전기를 항상 최적 조건에서 동작시키기 위해서는 입력전압의 세제곱에 비례하여 입력전류가 흐르도록 할 필요가 있다. 이 회로는 전술한 300 W급 충전제어에 사용한 것과 거의 같다. 물론 풍력발전기의 블레이드 로터의 크기와 발전기의 특성에 따라 입력전압, 전류의 제어특성을 최적화할 필요가 있다. 그러기 위해 앞의 예와 마찬가지로 제어특성 설정 스위치에 의해서 특성을 선택할 수 있도록 하였다.

(3) 트랜스와 인덕터

이 밖에는 전술한 300 W급 충전 제어회로와 거의 같지만 이 회로는 취급하는 전력이 더 크다. 특히 고주파 트랜스에는 대전류가 흐르므로 그에 견딜 수 있는 트랜스와 인덕터로 하여야 한다.

여기서는 TDK제의 대전력용 페라이트 코어를 구입하여 트랜스를 제작하였다. 이 트랜스가 다루는 전류는 피크시 50 A 이상이 되므로 굵은 동선을 감을 필요가 있다. 그러나 가공이 쉽지 않으므로 $\phi 0.8\,\text{mm}$의 폴리우레탄 선을 여러 가닥 합쳐서 감기로 하였다.

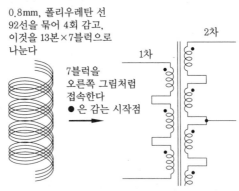

0.8mm, 폴리우레탄 선 92선을 묶어 4회 감고, 이것을 13본×7블럭으로 나눈다

7블럭을 오른쪽 그림처럼 접속한다
● 은 감는 시작점

1차

2차

그림 5. 25 출력 트랜스를 감는 법

그림 5. 26 출력 트랜스에 사용한 페라이트 코어

그림 5. 27 평활 코일에 사용한 페라이트 코어

그림 5.26은 출력 트랜스인 페라이트 코어의 겉모습이다. 페라이트 코어는 TDK제의 PC40PQ 78×39×42와 전용 코어 보빈을 사용했다. 세로 78.5×가로 39.4×높이 42 mm의 약간 큼직한 것이다.

트랜스 감는 법을 그림 5.25에 보기로 들었다. ϕ0.8 mm의 폴리우레탄 선 91가닥을 다발로 만들어 보빈에 4회 감고, 13가닥을 한 블록으로 하여 7블록의 권선을 만든다. 또 7블록의 권선을 그림 5.25의 오른쪽 결선도처럼 접속하여 3 : (2+2)의 트랜스를 제작한다.

이와 같은 바이파일러 감기(bifilar winding)는 레어쇼트 등의 문제가 있으므로 상용화에는 약간 어려움이 따를지 모르지만 고주파 전류의 표피효과 영향이 적어져 결합도가 매우 높은 트랜스로 만들 수 있다. 그리고 ϕ0.8 mm 선을 13가닥이나 결속하였으므로 거의 ϕ3 mm의 동선에 견줄 수 있다.

또 출력 평활용 인덕터는 그림 5.27과 같은 EI형 페라이트 코어를 사용하여 마찬가지로 ϕ0.8 mm의 폴리우레탄 선 24가닥을 다발로 보빈에 10회 감고, 자기(磁氣) 포화를 하지 않도록 약 1 mm의 종이를 사이에 끼워서 갭을 마련한다.

(4) 쇼트키 바리아 다이오드

이 제어회로에서는 700 W 이상의 전력을 다루고 출력전압은 12 V이므로 700 W 발전 때에는 배터리 충전전류가 약 50 A 이상 흐른다. 따라서 스위칭 소자인 파워 MOSFET(Tr_2~Tr_5), 쇼트키 바리아 다이오드(D_7~D_8) 및 출력인덕터 L_1에는 매우 큰 펄스전류가 흐른다. 따라서 이 전류에 견딜 수 있는 부품과 배선이 필요하다.

쇼트키 바리아 다이오드는 IR사의 43CTQ100을 사용하였다.

이 다이오드는 외형이 TO-220 패케이지이고, 최대 전류 정격이 40 A이지만 여유를 감안하여 2개를 병렬로 접속하여 합계 4개를 사용하였다.

(5) 방열

이 회로를 최대 출력으로 동작시키면 전력효율이 80 % 정도이므로 예컨대 700 W의 전력을 다룬다면 기내에서 140 W 정도의 손실이 발생한다. 이 손실들은 트랜지스터, 트랜스, 다이오드에서 열로 소실되므로 어떠한 형태로든 열을 방산시킬 필요가 있다. 풍력발전의 경우는 연속하여 최대 출력으로 동작하는 일은 거의 없지만 여기서는 연속 동작을 가능하게 하기 위해 온도감지형 팬을 부착하였다. 또 전자 브레이크회로, 과충전 방지회로, 과열 방지를 위한 전동 팬 제어회로 등도 부가되어 있다.

(6) 외관과 부품 배치

그림 5.28이 제작 완료한 이 장치의 겉모습이다. 케이스는 옛날 측정기의 케이스를 재활용하였고, 또 입력전압, 입력전류, 배터리 전압, 충전전류를 확인할 수 있도록 미터기를 달았다. 그림 5.29는 내부 배치 상태도이다. 파워 스위칭 부분은 대전류가 흐르므로 3 mm의 비닐 연선으로 배선하였다.

5.3.3 이 장치의 실측 특성

그림 5.30은 실측한 이 장치의 입력 특성이다. 로터 블레이드의 크기, 그 최적 주속비와 발전기의 출력전압에 따라 최적점을 선택할

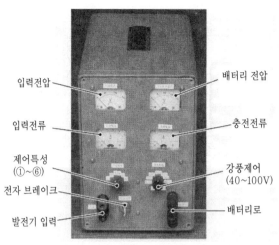

입력전압

배터리 전압

입력전류

충전전류

제어특성
(①~⑥)

강풍제어
(40~100V)

전자 브레이크

발전기 입력

배터리로

그림 5.28 700 W급 충전 제어장치의 프론트 패널

제어회로의 프린트기판

파워 MOSFET

출력
트랜스

정류용 쇼트키
바리어 다이오드

평활용
인덕터

그림 5.29 700 W급 충전 제어장치 내부도

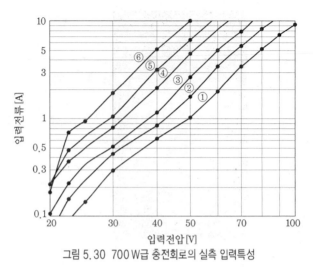

그림 5.30 700W급 충전회로의 실측 입력특성

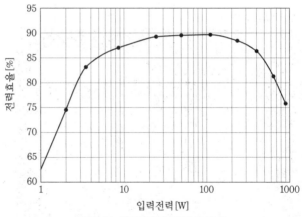

그림 5.31 입력전압 대 전력효율 특성

수 있도록 제어 특성 설정 스위치에 의해서 전류값을 선택할 수 있
도록 했다. 또 입력전압에 대한 전류값은 약 세제곱 특성으로 되어
있는 것을 알 수 있다. 즉, 입력전압이 2배가 되면 거기에 흐르는 전
류는 대략 8배가 된다.

한편, 그림 5.31은 입력전압에 대한 전력효율의 변화를 측정한 것이다. 이 그림을 보아서도 알 수 있듯이, 약 3 W에서 700 W까지의 입력전력으로 80 % 이상의 효율을 얻고 있다. 특히 실용 영역인 10~20 W에서는 거의 90 %의 높은 효율을 얻는 것을 알 수 있다.

풍차가 정지해 있을 때의 이 장치의 소비전류는 부속 회로를 포함하여 약 15mA이고, 이 정도의 전류라면 배터리로는 별 문제가 되지 않는다.

5. 4 배터리 대책

이미 여러 번 기술하였듯이, 풍력발전기에 의한 전력은 매우 불안정하므로 필요한 때에 필요한 전력을 얻기 위해서는 일단 전력을 저장해 두었다가 필요한 때에 저장한 그 전력을 이용하는 방법이 최선이라고 할 수 있다.

전력을 저장(축적)하려면 여러 가지 방법이 있다. 그중에서도 가장 간단하게 저장하는 방법으로는 역시 충전이 가능한 2차 전지(배터리)를 사용하는 방법이다. 2차 전지로는 납 배터리, 리튬이온 배터리, 니켈수소 배터리 등 여러 종류가 있다. 초보자의 입장에서 본다면 부담 없는 가격으로 쉽게 구할 수 있는 납 배터리가 가장 적합할 것 같다. 납 배터리는 자동차용 배터리를 비롯하여 약간 큰 전력을 다루는 기기의 전원으로, 또 비상전원용으로 많이 사용되고 있다.

배터리도 사용하는 목적에 따라 많은 종류가 있다. 비교적 수요가 많은 자동차용은 엔진 시동용에 쓰이고, 골프장의 전동카트와 포크리프트에서는 동력으로 사용된다. 또 납 배터리는 크게 나누어 자동차 시동용과 포크리프트 등의 전원으로 사용하는 디프 사이클용이 있다.

5.4.1 디프 사이클 배터리

자동차 등에 시용되고 있는 일반 배터리는 교류발전기로 얻은 전력으로 엔진을 기동하고, 운전할 때는 늘 충전을 계속하면서 거의 만충전에 가까운 상태로 사용되고 있다. 이와 같은 배터리들은 대부분 장기간 방치해 두거나 전등을 끄는 것을 잊고 오랜 시간 놓아 두면 심하게 방전되어 축전 능력이 떨어지게 된다. 이에 비하여 디프 사이클 배터리는 방전 후에도 전용 충전기로 충전하면 축전 능력이 회복된다. 즉, 충·방전 사이클을 반복할 수 있으므로 전동차와 선박용 배터리로 사용된다.

풍력발전기의 경우는 발전한 전기를 배터리에 가득 충전하였다가 야간에 활용하는 것을 반복하고 있다. 따라서 디프 사이클 배터리가 적합하다. 또 디프 사이클 배터리는 태양전지발전, 풍력발전 등의 사이클 충·방전에도 적합한 배터리이다. 자동차용 배터리와는 달리 반복 방전과 충전이 가능하므로 심한 방전으로 인한 디메지가 적고 수명이 긴 것이 특징이다. 그리고 이 배터리는 전해액 관리가 불필요한 밀폐식과 전해액 관리가 필요한 개방형이 있다. 다만 디프 사이클 배터리는 자동차용만큼 쉽게, 부담 없는 가격으로 구입할 수 없는 것이 단점이다.

5.4.2 배터리의 특성

납 배터리를 사용하는 경우 그 수명은 과방전과 과충전에 따라 크게 좌우되므로 특성에 맞는 충방전 회로가 필요하다.

(1) 충전 특성

배터리의 충전에는 보통 일정 전압을 배터리 단자에 가하는 정전압 충전이 실시되고 있다. 정전압 축전이기는 하지만 초기의 충전전류는 제한할 필요가 있다.

그림 5.32는 정전압 충전 특성의 예이다. 이 예는 완전 방전 상태에서 충전한 것인데, 충전 초기의 전류를 24 A로 제한하여 정전류 충전을 하고, 전지 1개의 단자전압이 14.7 V에 이른 시점에서부터 정전압 충전을 하고 있다.

(2) 충전전류와 밀폐 반응효율의 관계

밀폐형 배터리는 충전 때 양극에서 발생한 산소를 음극에서 흡수하는 원리를 이용하고 있다. 따라서 완전 충전된 상태에서의 전압과 전류의 관계는 일반 개방형 배터리와 달리 그림 5.33의 충진 특성을 가지고 있다. 가로축의 충전전류 I_t [A] 는 배터리의 정격용량 C [Ah] 를 1시간으로 나눈 값이다. 예를 들면, C=100 [Ah] 라면 I_t=100 [A] 즉 $0.1I_t$=10 [A] 가 된다.

이 특성 예의 영역 A에서는 밀폐반응이 원활하게 이루어지고 있는 영역이고, 영역 C는 밀폐반응 효율이 현저하게 떨어져 밀폐화가 손상되고 있다. 또 영역 B는 과도상태이다. 즉, 영역 A에서 사용하고, 단자전압이 14.7 V 이하로 할 필요가 있다.

(3) 방전 특성과 전기용량

납 배터리의 전기용량은 단위 Ah로 표시한다. 이것은 방전전류 [A] 와 방전 완료 전압이 되기까지의 시간 [h] 의 곱으로 나타낸다. 그리고 이 용량 [Ah] 는 방전전류의 크기에 따라 크게 변한다.

그림 5.34는 방전전류가 $0.2I_t$A(20A)~$1I_t$A(100A)인 방전 특성의 예로, 말단의 전압값은 방전 완료 전압을 나타낸다. 이 그림에서

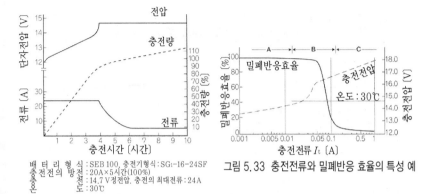

배 터 리 형 식 : SEB 100, 충전기형식 : SG₁-16-24SF
충전전의 방전 : 20A×5시간(100%)
충전 : 14.7 V정전압. 충전의 최대전류 : 24A
온도 : 30℃

그림 5.32 정전압 충전 특성의 예

그림 5.33 충전전류와 밀폐반응 효율의 특성 예

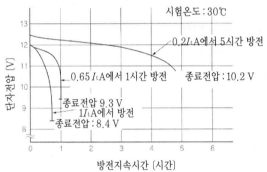

그림 5.34 납 배터리의 방전 특성 예

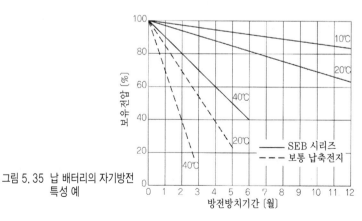

그림 5.35 납 배터리의 자기방전
특성 예

알 수 있듯이, 예를 들어 5시간률 용량이 100Ah인 배터리의 1시간률 용량은 65Ah가 된다. [1시간률] 이라든가 [5시간률] 이라는 것은 각각 다음을 의미한다.

1시간률 용량:1_IA로 방전하여, 방전 완료 전압까지 방전할 수 있는 시간과 전류의 곱으로 표시한 용량

5시간률 용량:0.2_IA로 방전하여 방전 완료 전압까지 방전할 수 있는 시간과 전류의 곱으로 표시한 용량

방전 특성으로 알 수 있듯이, 배터리는 대전류를 단시간에 방전하기보다는 소전류를 장시간 방전하는 것이 오래 사용할 수 있다. 따라서 대전류로 방전(고율 방전)하면 획득할 수 있는 전력용량이 작아진다. 또 배터리의 전기용량은 온도에 따라서도 크게 변화하므로 온도가 낮을 때는 획득할 수 있는 용량이 감소한다.

(4) 자기방전

배터리가 보유하는 전기 에너지를 배터리 내부에서 소모하는 현상을 자기방전이라고 한다. 그림 5.35는 방전시간에 대한 보유 용량의 변화를 나타낸 것으로, 온도가 상승하면 자기방전은 증가한다.

(5) 수명 특성

전동차용(동력원) 배터리의 수명은 보통 보유 용량이 정격 용량의 80%에 이르렀을 때로 규정하고 있다. 이 80%를 초과하여 계속 사용하면 전지 내부 부품의 성능 열화로 인하여 갑작스러운 방전 정지, 변형, 파손의 원인이 된다. 배터리의 수명은 사용조건에 따라 크게 변화하므로 일반적으로 단정하기 어렵다.

보통 수명은 방전 횟수(사이클)로 판정하는데 수명을 오래 유지하려면 80 % 이상 방전되지 않도록 억제하고, 충전전압이 14.7 V를 넘지 않도록 할 필요가 있다. 일반적으로 온도가 5~30 ℃이고 과충전이나 과방전이 없는 상태라면 2~3년의 수명은 기대할 수 있다.

(6) 배터리의 유효 사용조건

이제까지 설명한 배터리의 특성을 감안할 때, 배터리를 충전할 때는 가급적 장시간에 걸쳐 충전하고, 과충전이 되지 않도록, 또 충전전압을 14.7 V 이하로 할 필요가 있다. 방전 때도 가급적 급방전을 피하고, 배터리 용량의 80% 이내로 방전을 억제하는 것이 필요하다. 그리고 온도 변화가 적은 장소에 설치하는 것이 현명하다.

5.4.3 배터리 사용에서 주의할 점

배터리는 내부에 에너지를 가지고 있을 뿐만 아니라 충전·방전 때는 에너지의 변환이 이루어지고 있다. 따라서 잘못 다루면 매우 위험하다. 특히 배터리를 기기에 접속할 때나 + 단자와 − 단자를 볼트나 너트를 풀거나 조일 때 쇼트하면 대전류가 흘러 화상이나 인화 폭발의 원인이 될 수 있다. 따라서 배터리를 다룰 때는

● 기기와의 접속에는 반드시 퓨즈를 거치도록 한다.

● 극성이 바뀌지 않도록 늘 주의한다.

● 배터리를 병렬로 접속하는 경우는 형식과 용량이 같은 것을 사용한다.

● 기기와의 접속에는 사용하는 전류값에 합당한 전선을 사용한다.

● 가급적 온도 변화가 작은 곳에 설치한다.

5.4.4 배터리의 폐기 처분

수명이 다하여 사용이 끝난 배터리는 반드시 합당한 방법으로 버려야 한다. 자동차 수리 센터나 배터리 판매점에 폐기를 의뢰하는 것도 하나의 방법이 될 수 있을 것이다.

5.5 전기 2중층 콘덴서의 활용

최근 에너지의 축적, 저장과 관련하여 전기 2중층 콘덴서가 관심의 대상이 되고 있다. 전기 2중층 콘덴서는 활성탄과 전해액의 계면(interface) 사이에 발생하는 전기 2중층을 동작 원리로 이용한 콘덴서이다. 고체로서 활성탄, 액체로서 전해액을 사용하여 서로를 접촉시키면 그 계면에 플러스/마이너스의 전극이 매우 짧은 거리를 떨어져 상대적으로 분포된다. 이와 같은 현상을 '전기적 2중층'이라고 한다. 외부로부터 전계를 가하면 전해액 속에서 활성판의 표면 근방에 형성된다. 이 전기적 2중층을 이용하는 것이다.

5.5.1 전기 2중층 콘덴서의 특징

전기 2중층 콘덴서는 이제까지의 콘덴서에서 사용하고 있는 고유물질인 유도체가 없고, 또 전지처럼 충방전의 화학반응을 이용한 것도 아니다. 표 5.1은 전해 콘덴서와 밀폐형 납 배터리 등과 비교한 것이다. 전기 2중층 콘덴서는 전해 콘덴서와 납 배터리의 중간에 위치한다 할 수 있다. 다만 수치는 비교하는 형식과 종류에 따라 다소 변동이 있을 수 있다. 전기 2중층 콘덴서는 다음과 같은 우수한 특성을 가지고 있다.

(가) 무공해이다.

(나) 납 배터리에 비하여 충전 속도가 빠르다(수 초~수 분)

(다) 방전전류가 크다(수 100 A)

표 5.1 전기 2중층 콘덴서와 전해콘덴서 및 밀폐형 납 배터리의 비교

항 목	전기 2중층 콘덴서	전해콘덴서	밀폐형 납 배터리
사용온도 범위	$-25\sim+70℃$	$-55\sim+125℃$	$-40\sim+60℃$
전극재료	활성탄	알루미늄	+극:PbO_2, -극: Pb
전해액	유기용매	유기용매	H_2SO_4
기전 방법	자연 발생하는 전기 2중층을 유도체로 이용	산화알루미늄을 유도체로 이용	화학반응을 이용
공해성	없음	없음	납(중금속 문제)
충·방전 내용 횟수	10만회 이상	10만회 이상	200~1000회
단위 용적당의 용량	1	1/1000	100
충·방전 시간	1	1/100	100
수명	10년 이상	5년	3~5년

(라) 수명이 매우 길다(충방전 횟수가 10만 회 이상)

(마) 폐기 비용이 들지 않는다.

(바) 잔여 양을 정확하게 파악할 수 있다.

결점은 대용량 콘덴서를 대량 생산하는 체제가 갖추어져 있지 않으므로 가격이 비싸고, 아직은 에너지 밀도가 납 배터리에 비하여 낮은 것이 흠이다. 단위 에너지당의 가격이 납 배터리에 가까워진다면 응용 범위는 비약적으로 늘어날 것으로 예상되지만, 유감스럽게도 현재로서는 시험적으로 사용되고 있을 정도이다.

하지만 전기 2중층 콘덴서의 특성은 여기서 다루는 소형 풍력발전기의 배터리로서는 이상적인 특성을 가지고 있다. 즉, 끊임 없이 변동하는 발전에 대하여 급속한 충전이 가능하고, 납 배터리에 비하여 수명도 압도적으로 긴 데다 공해를 극복할 수 있는 배터리라할 수 있다.

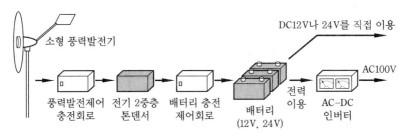

그림 5.36 전기 2중층 콘덴서의 활용안

5.5.2 소형 풍력발전기에 대한 응용

그림 5.36과 같이 변동이 큰 풍력발전기의 출력을 일단 전기 2
중층 콘덴서에 충전한 다음, 전기 2중층 콘덴서에 충전된 에너지를
납 배터리에 여유롭게 충전하도록 한다. 이렇게 함으로써 납 배터리
의 충전효율이 향상될 뿐만 아니라 납 배터리에 과도한 부하가 걸
리지 않게 되어 실질적인 수명을 연장할 수도 있다. 다만 전압을 변
환하는 제어회로를 2번 통과하므로 각 효율이 85 %라 할지라도 토
탈 효율은 약 70 %로 되는 점이 약간 문제이다.

5.6 안전대책 회로

5.6.1 전자 브레이크와 배터리 과충전 방지회로

강풍 때의 대책으로는 여러 가지 방법이 있다. 우선 강풍이 불면 전자 브레이크를 거는 방법도 그중의 하나이다. 즉, 발전기의 출력을 단락 상태로 하면 회전 토크가 매우 커진다. 따라서 로터 블레이드의 회전수를 전기적으로 검출하여, 회전수가 설정값 이상이 되었을 때 발전기의 출력단자를 단락하면 로터의 회전을 정지시킬 수 있다.

실제로는 3상출력을 직류화하는 브리지 정류회로 정류소자의 순전압 강하(약 1 V)가 있으므로 완전한 단락은 되지 않기 때문에 전자 브레이크를 걸어도 수십 rpm으로 서서히 회전한다.

(1) 전자 브레이크의 효과

그림 5.37은 500 W급 발전기의 출력단자를 쇼트하였을 때의 토크와 부하 단락전류를 측정한 것이다. 그림과 같이 예컨대 출력단자를 쇼트하여 회전수를 100 rpm으로 하기 위해서는 발전기의 구동코크는 약 5N·m이 필요하다.

한편, 그림 5.38은 1.2 m의 FRP제 블레이드를 사용하여 발전기의 출력단을 쇼트한 상태에서 풍속이 변화하였을 때의 발생 토크를 측정한 것이다. 그림 (a)는 블레이드의 회전수와 발생 토크에 대하여 풍속을 파라미터로 측정한 것이다. 발전기의 출력단을 쇼트한

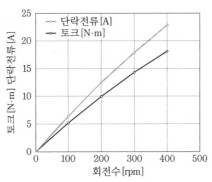

그림 5.37 500 W급 발전기의 출력단자를 쇼트했을 때의 토크와 부하 단락전류

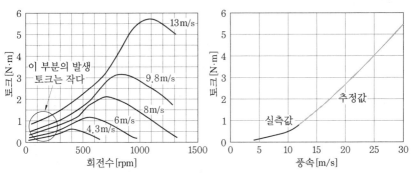

그림 5.38 발전기의 출력단을 쇼트한 상태에서 풍속이 변했을 때의 토크(1.2m 블레이드)

상태에서는 정류기의 드롭전압(drop voltage)이 있기 때문에 회전
수가 대략 50~200 rpm으로 되지만, 그 저회전 때에 발생하는 토
크는 블레이드의 최적 회전수에서 얻을 수 있는 최대 토크에 대하
여 상당히 작아진다. 그림 (b)는 풍속과 발전기의 출력단을 쇼트한
상태에서 발생하는 토크의 관계를 표시한 것으로, 굵은 선은 실측
값이고 가는 선은 추정값이다.

두 그림을 보아서도 알 수 있듯이, 발전기의 출력단자를 쇼트하
였을 때의 구동 토크는 저회전 때 블레이드에서 발생하는 토크보

다 명확히 커진다. 즉, 풍속 30m/s의 강풍에서도 블레이드의 회전 수가 작을 때는 발생하는 토크는 수 N·m이지만 발전기의 전자 브레이크에 의한 제동 토크가 충분히 크고, 전자 브레이크가 유효하다는 것을 알 수 있다.

하지만 로터 블레이드가 일단 회전을 시작하면 블레이드에서 발생하는 토크는 급속히 증가하므로 풍속이 수십 m/s 이상이 되면 서둘러 전자 브레이크를 걸어 블레이드의 회전을 정지시킬 필요가 있다.

풍력발전기에서 전자 브레이크를 동작시키기 위해서는 먼저 바람의 강도를 검지할 필요가 있다. 그러나 발전기의 출력전압은 기의 회전수에 비례하고, 회전수는 풍속에 비례하므로 발전기의 출력전압을 체크하여 설정 전압보다 커졌을 때 발전기의 출력을 단락하면 된다.

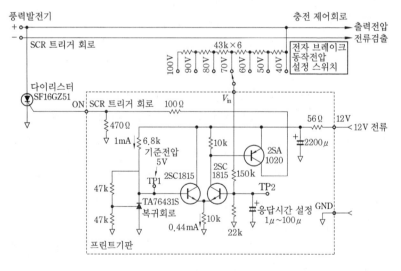

그림 5.39 간이형 전자 브레이크 회로

(2) 간이형 전자 브레이크

그림 5.39가 간이형 전자 브레이크 회로이다. 이 회로는 발전기의 출력전압을 감시하여, 스위치로 설정한 전압보다 커지면 다이리스터 (thyrister)를 ON하여 발전기의 출력단자를 쇼트함으로써 로터 블레이드의 회전을 정지시키는 것이다.

다이리스터는 일단 ON하면 그 유지전류(대략 50 mA) 이하로 되지 않는 한 OFF로는 되지 않는다. 보통 풍력발전기는 로터 블레이드의 회전을 정지시키면 발생하는 토크가 상당히 작아지지만 발전기의 쇼트전류는 제로로는 되지 않고 다이리스터에 계속 전류를 흘린다. 그 때문에 바람이 거의 사라지고, 다이리스터에 흐르는 전류가 유지전류 이하로 될 때까지 다이리스터는 ON 상태 그대로가 된다. 즉, 그때까지 로터는 정지한 그대로이다.

안전성 측면에서 본다면 강풍이 멎고 바람이 거의 없어질 때까지 정지한 상태로 하는 것이 좋겠지만, 그것은 너무 안일한 방식이므로 바람이 잦아든 경우에는 서둘러 로터 블레이드의 회전을 시작하도록 하는 것이 바람직하다.

전자 브레이크에 의해서 로터 블레이드가 정지한 상태에서도 발전기의 쇼트전류는 바람의 강도에 부응하여 흐르므로 다이리스터에 흐르는 전류(쇼트전류)를 검출하여, 예컨대 쇼트전류가 1A 이하가 되면 다이리스터를 OFF로 하는 회로를 부가한다(그림 5.40).

(3) 과충전 방지회로

이 회로에는 전자 브레이크 외에 과충전 방지회로도 부가되어 있다. 풍력발전기의 출력은 충전제어회로에 의해서 배터리에 충전되지

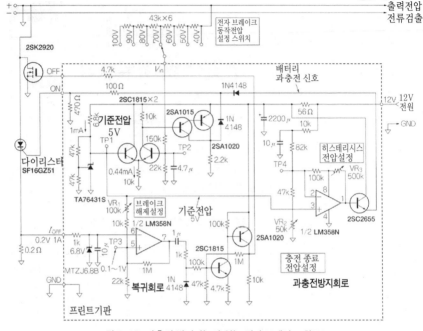

풍력발전기 충전 제어회로
출력전압
전류검출

그림 5.40 과충전 방지기능이 있는 전자 브레이크 회로

만, 배터리에 전기가 가득 충전된 경우 과충전이 되어 배터리의 수
명을 현저하게 떨어뜨린다. 따라서 배터리의 전압이 예컨대 14.5 V
이상이 되면 역시 풍력발전기를 정지시키는 것이 현명하다.

그림 5.40의 회로에서는 OP 앰프에 의해서 배터리 전압을 감시
하여, 설정값보다 과대한 경우 다이리스터를 ON하도록 되어 있다.
배터리 전압 감시에는 히스테리시스 특성을 부여하여, 예컨대 배터
리 전압이 14.4 V가 되면 풍력발전기의 로터 블레이드를 정지하여,
13.5 V 이하로 되지 않으면 정지한 상태 그대로가 된다.

전자 브레이크가 해제되는 쇼트 전류의 값은 가변저항기 VR$_1$으

로 조정하고, 배터리 과충전 방지용의 상한 전압과 히스테리시스 폭은 VR₂와 VR₃에 의해서 설정한다.

5.6.2 배터리 방전 제어회로

(1) 디프 사이클 배터리일지라도 과방전은 바람직하지 않다

배터리를 과방전시키면 배터리의 수명이 현저하게 떨어진다. 따라서 과방전시키지 않는 보호회로가 필요하다. 디프 사이클(deep cycle) 배터리라 할지라도 과방전 시키지 않도록 늘 10~20 % 정도의 에너지를 남겨 두어야 한다.

예컨대, 풍력발전기로 생산한 전력을 옥외의 야간 조명에 이용하는 경우라면, 바람이 약한 날이 이어지면 충전을 하지 못하므로 야간에 연속 사용할 경우 배터리가 과방전될 가능성이 크다. 그러므로 충전량이 작을 때는 조명을 끄는 것이 바람직하다.

(2) 실제 회로

그림 5.41이 실제 제어회로이다. 극히 간단한 회로이지만, 배터리 전압을 검출하여 전압이 12.8 V에 이르면 FET 스위치를 ON으로 하고, ON 상태에서 배터리 전압이 11.6 V 이하가 되면 OFF로 하는 회로이다. ON/OFF 전압은 배터리에 부응하여 가변 저항기로 조정할 수 있다.

그림과 같이 OP 앰프에 의해서 기준 전압과 배터리 전압을 비교하여 설정 전압 이하가 되면 스위치인 파워 MOSFET를 OFF로 하는 회로이다. 그림에서 가변저항기 VR₁은 설정 전압을 결정하고, VR₂에 의해서 히스테리시스 폭을 설정한다.

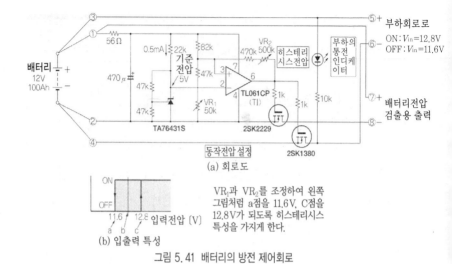

VR₁과 VR₂를 조정하여 왼쪽
그림처럼 a점을 11.6V, C점을
12.8V가 되도록 히스테리시스
특성을 가지게 한다.

(a) 회로도

(b) 입출력 특성

그림 5. 41 배터리의 방전 제어회로

즉, 풍력발전기에 의해서 배터리가 충전되고, 배터리 전압이
12.8 V 이상이 되면 스위치인 파워 MOSFET는 ON으로 되어 부
하에 전력을 공급한다. 부하에 전력을 공급함으로써 배터리 전압은
서서히 떨어지지만, 그 전압이 11.6 V 이하가 되면 스위치는 OFF되
어 부하에 나가는 전력을 차단한다. 이렇게 함으로써 배터리는 과충
전이 되지 않고 수명을 오래 유지할 수 있다.

또 단자 ⑦과 ⑧은 배터리의 전압을 검출하기 위한 출력이다. 배
터리 전압은 부하에 흐르는 전류가 큰 경우 배선의 저항으로 인하
여 전압 강하가 발생하므로 배터리의 전극 가까운 곳이 아니면 정
확하게 측정할 수 없다. 따라서 그림과 같이 스위치를 병렬로 2개
동작시켜, 대전류 부하는 단자 ⑤와 ⑥에서 잡고, 단자 ⑦과 ⑧은
작은 전류 부하나 배터리 전압을 감시하는 경우에 사용한다.

제 **6** 장

풍력발전기의 안전대책

6.1 강풍 때의 안전대책

자연 현상인 바람은 풍속과 풍향이 늘 변화하고 태풍이나 돌풍 등으로 풍차가 파손되는 일이 일어나기도 한다. 강풍으로 풍차 타워가 넘어지기도 하고, 로터의 과회전으로 블레이드가 파손되는 일도 가끔 발생한다. 때로는 진동으로 인하여 블레이드나 폴이 공진 상태가 되어 시스템이 파괴에 이르는 수도 있다. 강풍 때에는 블레이드가 고속 회전하므로 때로는 인명 피해로 이어질 수도 있다. 따라서 소형 풍차일지라도 강풍 대책은 결코 소홀히 할 수 없는 중요 과제이다.

정격풍속 이상의 바람이 불면 풍차 회전수가 과대하게 돌고, 발전기의 과부하로 인하여 발전기와 제어장치가 파손되거나 블레이드가 강도 한계를 넘어 파손에 이르는 경우도 있어 매우 위험하다. 그러므로 강풍 때는 어떠한 방법으로든 풍차 회전수가 과대하게 되지 않도록 억제할 필요가 있다.

일반적으로 풍속 10~12 m/s까지는 최대 출력을 얻을 수 있도록 설계되지만, 그 이상의 바람에 대해서는 어떠한 방법으로든 로터를 정지시키거나 로터의 회전수가 증가하지 않도록 조치한다. 이를 실현하기 위해서는 여러 가지 방법이 있으므로 이하 간단하게 소개하겠다.

6.1.1 로터 상방 편향 방식

소형 풍력발전의 경우 강풍 때 로터의 회전수를 제어하는 가장 대표적인 방법은 그림 6.1과 같이 강풍 때 로터 회전면을 위쪽으로

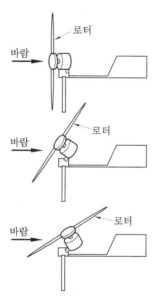

그림 6.1 상방 편향 방식

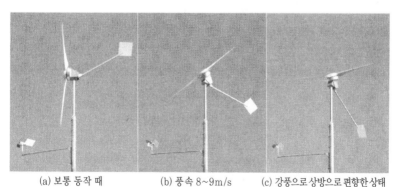

(a) 보통 동작 때   (b) 풍속 8~9m/s   (c) 강풍으로 상방으로 편향한 상태

그림 6.2 블레이드 지름 2 m인 풍력발전기의 상방 편향 방식 동작

편향시키는 방법이다. 이것은 바람이 강해져, 로터가 받는 바람의 힘이 강해지면 로터 회전면이 위쪽으로 편향하여 실효적인 수풍면적을 감소시킴으로써 과회전을 방지하는 방법이다. 바람이 강해져 회전면이 완전 90° 편향하면 수풍면적은 제로가 되므로 로터의 회전은 떨어진다. 이 후에 바람이 약해지면 회전면이 원래 상태로 복원하여 정상 동작하게 된다.

강풍 때는 로터의 회전수가 크기 때문에 자이로 모멘트가 작용하여 응답이 약간 뒤지지만, 바람이 약해지면 역시 자이로 모멘트에 의해서 서서히 복원되기 때문에 비교적 안정된 동작을 기대할 수 있어, 소형 풍력발전의 강풍 대책으로 많이 이용되고 있다. 그러나 돌풍 같은 순간적인 바람에 대해서는 효과가 적기 때문에 블레이드의 원심력에 대한 강도는 여유롭게 설계하는 것이 필요하다.

그림 6.2는 700 W급 발전기와 FRP로 제작한 지름 2 m의 블레이드에 의한 상방 편향 방식의 소형 풍력발전기 동작상태이다. 그림 (a)는 평상 동작상태이고, 그림 (b)는 풍속이 8~9 m/s로 약간 강해졌을 때, 그리고 (c)는 바람이 더욱 강해졌을 때 위쪽으로 편향된 상태이다.

6.1.2 로터 축방 편향 방식

이것은 로터 회전면을 측방(옆쪽)으로 편향시킴으로써 수풍면적을 감소시키는 방식이다.

그림 6.3과 같이 지주축과 롤러 회전축에 오프셋(offset)을 가지게 함으로써 로터면이 받는 바람의 힘이 커지면 로터 회전면이 측방으로 향하여 강풍 때 수풍면적을 감소시키는 방법이다. 즉, 지지축

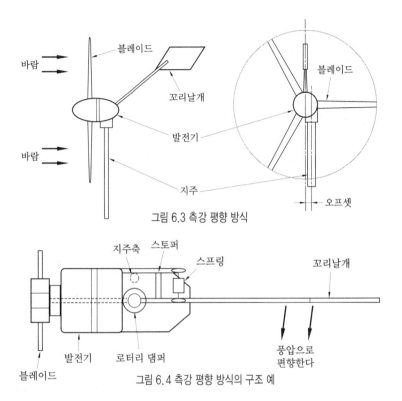

그림 6.3 측강 평향 방식

그림 6.4 측강 평향 방식의 구조 예

과 로터 회전축에 오프셋을 부여하여 블레이드가 받는 바람의 힘
에 의해서 측면으로 향하려고 하는 힘이 작용한다. 하지만 꼬리날
개가 고정된 경우는 꼬리날개의 힘에 의해서 측방으로 향하지 않는
다. 그래서 꼬리날개는 스프링에 의해서 설정된 이상의 힘이 작용하
면 측방으로 향하도록 한다. 즉, 그림 6.4와 같이 스프링에 의해서
꼬리날개가 동작하도록 하고 있다.

이 방법도 강풍 때는 로터 회전에 의한 자이로 모멘트가 작용하
여 측방으로 서서히 움직익 때문에 비교적 안정된 동작을 기대할
수 있다.

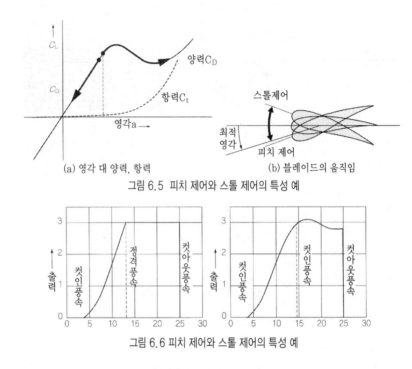

(a) 영각 대 양력, 항력   (b) 블레이드의 움직임

그림 6.5 피치 제어와 스톨 제어의 특성 예

그림 6.6 피치 제어와 스톨 제어의 특성 예

바람의 상태가 양호할 때는 안정된 동작을 하지만 난류를 타고 돌풍이라도 부는 경우 꼬리날개가 크게 흔들려 그림 6.4의 스토퍼 부분이 충격으로 파손되는 경우도 있으므로, 이 부분에 고무 패드를 붙일 필요가 있다.

6.1.3 피치 제어, 스톨 제어 방식

발전기의 정격출력은 한정되어 있으므로 정격풍속 이상이 되었을 때는 풍차 출력을 제어할 필요가 있다. 풍차의 출력을 제어하는 방식으로는 그림 6.5에 보인 피치 제어 또는 스톨(실속) 제어가 있다. 그림 6.6은 이 제어 특성의 예를 보인 것이다.

피치 제어는 풍속과 발전기 출력을 점검하여 강풍 때에 블레이드의 장착각(피치각)을 변화시켜 출력을 제어하는 것으로, 유압 또는 스테핑 모터가 사용된다. 소형 풍차에서는 메커니컬 방식도 있다. 피치 제어 시스템은 출력제어를 할 뿐만 아니라 태풍 등 강풍때 피치각을 풍향에 평행시켜 로터를 정지시키는 기능과 회전수를 제어하여 과회전 등을 방지하는 등, 안전장치로도 사용된다 (그림 6.7).

스톨 제어는 피치각을 고정한 상태 그대로이지만 풍속이 일정 이상이 되면 블레이드 형상의 공기 특성으로 인하여 실속 현상이 일어나 출력이 떨어지는 것을 이용하여 제어하는 방법이다. 이 방식

(a) 통상 동작 때

(b) 강풍 때

그림 6.7 피치 제어의 예

(a) 블레이드의 선단이 피치 제어된다

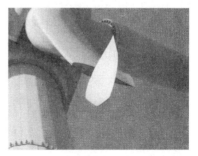
(b) 선단부

그림 6.8 대형 풍차의 피치 제어형 블레이드

은 피치 제어에 비하여 구조가 심플하고 코스트가 낮은 것이 특징이다.

이러한 가변 피치 제어 방식은 모두 중·대형 풍차의 경우이다. 이 책에서 대상으로 하는 소형 풍차발전기에서는 허브부가 구조적으로 복잡할 뿐만 아니라 회전수 검출을 위한 가바나 기구가 필요하므로 거의 사용되지 않고 있다.

6.1. 4 날개 선단 피치 제어 방식

블레이드 전체의 피치 각도를 바꾸려면 상당한 힘이 필요하고, 그러기 위해서는 유압 또는 전동제어가 필수적이다. 그래서 그림 6.8과 같이 블레이드 선단의 피치각도를 변화시켜 제어하는 방식도 실용되고 있다. 블레이드 선단부의 피치만을 가변하기 때문에 작은 힘으로 동작하며 유압 혹은 전동에 의한 제어는 불필요하다. 회전수를 검출하는 가바나 기구만으로 제어할 수 있는 장점이 있으므로 소형 풍차에도 응용되고 있다.

그림 6.9는 지름 1.6 m의 선단 피치 제어 방식의 블레이드로, 로터 회전수가 600~700 rpm이 되면 가바나부가 동작하여 피치를 변화시키는 기구를 채용하고 있다. 이 방식은 허브부에 장착된 웨이트가 100~700 rpm이 되면 회전에 의한 원심력으로 동작하여 피치를 가변한다. 풍속이 8~10 m/s 이상이 되면 이 기구가 동작하고, 그 이상의 바람이 불어도 블레이드 선단의 피치각이 커져 회전수가 상승하지 않게 된다. 즉, 강풍 때에도 과회전이 되지 않고 안전하게 동작한다.

그림 6.10은 가바나부이다. 상당 기간 실용한 결과 강풍 때 과회

(a) 블레이드의 전경

(b) 선단부

그림 6.9 선단 피치 제어 방식의 블레이드(지름 1.6m)

(a) 피치 제어용 샤프트

(b) 가바나부

그림 6.10 가바나 기구

전을 막는 데 매우 유효하다는 것이 확인되었다.

6.1.5 발전기 전자(電磁) 브레이크에 의한 제어

발전기의 출력단자를 단락 상태로 하면 회전 토크가 매우 커진다. 따라서 블레이드의 회전수를 전기적으로 검출하여 정격 이상의 회전수가 되었을 때 발전기의 출력단자를 단락하면 로터의 회전을 정지시킬 수 있다.

발전기의 토크는 발전기로부터 얻어내는 출력전류에 비례한다.

따라서 발전기의 출력을 단락하면 큰 전류가 흘러 발전기의 구동 토크가 매우 커지고, 로터 블레이드에서 발생하는 토크보다 크면 로터의 회전을 정지시킬 수 있다.

이 방법은 가장 간단하지만 강풍 때 로터에서 발생하는 토크에 대하여 발전기의 출력 단락 토크가 충분히 커야 하는 것이 필수 조건이다. 다행스럽게도 블레이드의 특성은 회전수가 작을 때는 발생 토크도 작아진다. 따라서 전자 브레이크에 의해서 로터 블레이드의 회전수가 일단 떨어지면 그 이후는 다시금 회전을 시작하지 않는다.

한편 발전기의 회전수에 대한 출력전압은 거의 회전수에 비례한다. 따라서 전자 브레이크를 동작시키기 위해서는 제어회로에서 발전기의 출력전압을 감시했다가 풍속이 강해져 출력전압이 설정 전압 이상이 되면, 즉 설정 회전수 이상이 되었을 때 발전기의 출력단을 전자적으로 단락하면 된다.

경험에 따르면 로터의 지름이 2 m 이하이면 전자 브레이크로도 충분하다고 생각된다. 단, 발전기의 부하 단락 때의 토크가 충분히 커야하는 것이 조건이다.

또 블레이드를 설계할 때 주속비를 크게 취함으로써, 즉 고속 회전, 낮은 토크로 설계함으로써 전자 브레이크의 장점을 살릴 필요가 있다. 반대로, 날개 현의 길이가 큰 낮은 주속비의 블레이드는 발생하는 토크가 매우 커지므로 강풍 때 전자 브레이크를 걸면 발전기가 과부하로 되어 소손될 우려도 있다.

6.1.6 수풍면적 가변 방식

그림 6.11은 영국의 프로벤에너지(Pro Ven Energy)사가 제작하

그림 6.11 코닝제어형 **풍력발전기**
(프로벤 에너지사 제)

는 풍차로, 좀 이색적인 다운 윈드형 풍력발전기이다. 이 풍차는 강
풍 대책으로 코닝제어라는 방법을 채용하고 있으며, 그림 6.12와
같이 통상 풍속에서는 블레이드의 콘 각도가 약 5°로 동작하지만
강풍이 불면 풍압에 의해서 블레이드의 콘 각도가 45°로 기울여
블레이드가 원추상으로 되기 때문에 수풍면적을 약 50° 감소하도
록 되어 있다. 즉, 강풍이 되면 수풍면적을 작게 하는 방법이다.

이와 같은 가동형 블레이드에서는 힌지부의 내구성이 약간 염려
스럽지만 메이커에서는 이 부분에 폴리우레탄 섬유를 사용하고 있
으며 내용 연수는 10~15년이라 설명하고 있다.

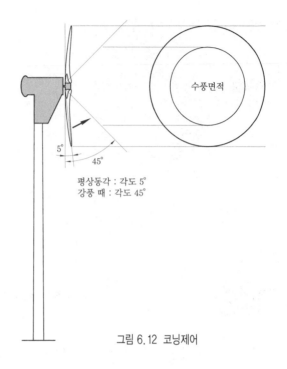

수풍면적

5°
45°

평상동각 : 각도 5°
강풍 때 : 각도 45°

그림 6.12 코닝제어

6.1.7 디스크 브레이크, 기타

브레이크 장치로는 로터가 과회전할 때 블레이드 선단부가 원심력 작용으로 회전하는 공기 브레이크를 채용한 것도 있다.

이 밖에 유압 디스크 브레이크로 블레이드 회전을 정지시키는 기구, 또 요 제어에 의해서 로터의 방향을 풍향에 대하여 90°로 하여 바람을 회피시키는 방식과 로터 회전축에 디스크 브레이크를 장치하여 강풍 때 브레이크를 거는 방법 등 여러 가지 방법이 있다.

대형 풍차에서는 로터를 정지시키는 방법으로 디스크 브레이크가 필요하지만 소형 풍력발전에서는 기구적으로 복잡하고 값도 비싸기 때문에 적절하다고는 할 수 없다. 또 그림 6.13과 같이 블레이드에 가동 플랩(flap)을 부착하여 회전수가 증가했을 때 플랩을 엶으로써 과회전을 방지하는 방법도 생각할 수 있다.

6.1. 8 꼬리날개의 강풍 대책

프로펠러 풍차가 일정 방향으로부터 바람을 받아 풍차가 원활하게 회전하고 있을 때 바람의 방향이 급격하게 돌변하는 사례가 종종 발생한다. 이러한 때 회전하고 있는 풍차는 꼬리날개의 작용으로 새로운 바람의 방향으로 추종하려고 하는 큰 힘을 받는다.

풍차가 회전하고 있을 때 그 회전축에는 각운동량이 작용하고 있어 회전축의 방향을 유지하려고 하는 힘이 작용한다. 이때 꼬리날개에 의해서 풍차가 방향을 바꾸면 회전축에 큰 힘이 작용하게 된다. 회전하고 있는 팽이가 넘어지지 않고 도는 것은 이 힘이 작용하기 때문이다.

풍향이 급격하게 변화하면 이 힘이 작용하여 때로는 본체 지지부, 발전기 장착부, 또는 발전기 시프트와 블레이드 장착부가 손상되는 등 시스템 전체에 영향을 미치는 경우도 적지 않다. 이와 같은 사고의 대책으로 꼬리날개에 댐퍼(완충기)가 장착되는 경우도 있다.

그림 6.14는 그 한 예로, 그림 (a)는 고정된 부꼬리날개부에 힌지로 주꼬리날개를 붙인 것이다. 이렇게 하면 급격한 바람을 받았을 때 주꼬리날개는 옆으로 꺾여 바람의 힘을 빠져나가게 하고, 그 후에 스프링에 의해서 원래의 위치로 복귀한다. 그리고 발전기 전체를 서서히 새로운 바람의 방향으로 추종시킬 수 있다.

그림 (b)의 방법은 간단한 형식인데, 지지 암에 자유로이 회전하는 꼬리날개를 장치한 것만으로 옆바람에 의해서 꼬리날개가 회전

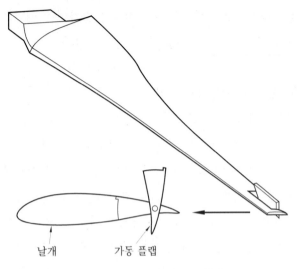

날개   가동 플랩

그림 6.13 가동 플랩이 달린 블레이드

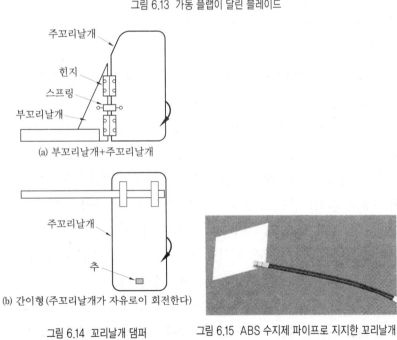

주꼬리날개

힌지

스프링

부꼬리날개

(a) 부꼬리날개+주꼬리날개

주꼬리날개

추

(b) 간이형 (주꼬리날개가 자유로이 회전한다)

그림 6.14 꼬리날개 댐퍼

그림 6.15 ABS 수지제 파이프로 지지한 꼬리날개

하여 바람을 달아나게 한다. 그리고 회복은 꼬리날개 자신의 무게와 추의 작용으로 이루어진다.

기타 방법으로는, 꼬리날개를 장착하는 지지봉은 보통 알루미늄 파이프 등이 사용되는데, 이 알루미늄 대신 유연성이 있는 소재를 사용함으로써 마찬가지 효과를 발휘할 수도 있다. 예컨대 그림 6.13과 같이 꼬리날개 지지봉을 지름 15 mm 정도의 ABS 파이프 2개를 사용하여 구성한다면, ABS는 유연한 소재이므로 꼬리날개가 휘청휘청하여 돌풍이 왔을 때 충격을 상당히 완화시킬 수 있을지 모른다. 그러나 역시 내구성에는 문제가 있을 것으로 생각된다.

이 밖에도 여러 가지 방법을 생각할 수 있을 것이다. 어떠한 방법으로든 급격한 풍향의 변화에 대하여 발전기 전체의 방향을 서서히 변화시키도록 하는 것이 최선책일 것으로 믿는다.

6.2 풍력발전기의 설치와 타워 제작

풍력발전기를 설치하려면 우선 타워가 필요하다. 적정한 타워를 설치하는 일은 풍력발전기 설치의 시초 단계라고 할 수 있다. 타워는 충분한 높이를 확보하여, 블레이드·터빈에 장해를 미치지 않을 기류역에 설치해야 하며, 악천후에도 견딜 수 있도록 설치해야 한다.

특히 소형 풍력발전기는 마당이나 뜰에 간단한 폴을 세워서 설치하거나 가옥의 지붕 위에 설치하는 사례도 가끔 목격하게 되는데, 안전성을 고려한다면 가급적 사람의 통행이 없는 곳에 설치하는 것이 바람직하다. 소형 풍력발전기의 타워를 설치하는 경우 필요한 조건은 대략 다음과 같다.

- 충분한 높이를 확보하여 양호한 기류조건을 얻을 수 있을 것. 최소한 가옥의 높이보다는 높을 것.
- 타워를 쉽게 눕혀서 풍력발전기를 정비·점검할 수 있을 것.
- 풍압에 충분히 견딜 수 있도록 튼튼하게 세울 것.
- 로터의 회전으로 타워가 공진할 수도 있으므로 강도가 충분할 것.
- 내부식성일 것.
- 외관적으로 스마트할 것.
- 가까이 사람이 통행하지 않을 것.

6.2.1 설치 장소

풍력발전기의 출력은 설치 장소에 따라 크게 영향을 받는다. 로

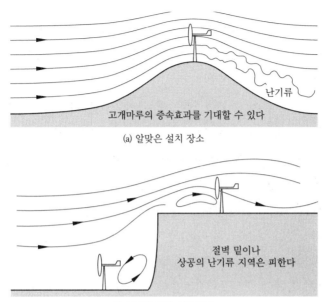

난기류

고개마루의 증속효과를 기대할 수 있다

(a) 알맞은 설치 장소

절벽 밑이나
상공의 난기류 지역은 피한다

(b) 적절치 못한 설치 장소

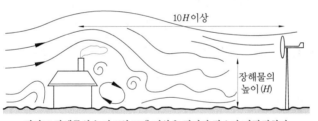

10H이상

장해물의
높이(H)

적어도 장해물의 높이 H의 10배 이상은 떨어진 장소가 바람직하다

(c) 장해물이 많은 설치 장소

그림 6.16 풍력발전기를 설치하기에 알맞은 장소와 부적합한 장소

터 블레이드로 불어오는 바람을 가로막는 장해물이 없어야 하고, 늘 바람이 부는 장소가 적합하다. 그림 6.16은 풍력발전기를 설치하기에 알맞은 장소, 부적합한 장소의 예를 보인 것이다.

이 그림을 통해서도 알 수 있듯이, 고개마루나 언덕바지는 가장 적합한 장소이기는 하지만 쉽게 찾아내기 어려울 것이다. 험한 경사면이나 절벽이 있는 장소는 난기류가 심하여 설치 장소로는 적합하지 않다.

그림 (c)와 같이 건물이 있는 경우 건물의 높이 H의 10배 이상 떨어진 장소에 설치하는 것이 이상적이다. 일반적으로 지표의 거칠음 상태가 클수록 높이에 따른 풍속의 변화가 커진다. 또 풍속이 크면 클수록 높이에 따른 변화는 작아진다.

표 6.1은 실측 데이터인데, 그림 6.17과 같이 높이가 약 15m와 49m에서 설치 장소가 약 45m 떨어진 두 지점의 풍속을 측정한 것이다. A점과 B점의 풍속 차이가 상당히 큰 것을 알 수 있다. 풍력발전에서는 획득할 수 있는 발전량이 풍속값의 세제곱에 비례하므로 예컨대 풍속이 1.5배가 되면 발전량은 $(1.5)^3≒3.4$배가 된다. 따라서 조금이라도 바람이 강한 곳에 설치하는 것이 유효하다. 일반적으로 주거지는 바람이 적은 곳을 선택하므로 이런 조건에 부합되는 장소를 찾는 것이 쉽지 않을 것이다. 요컨대 평탄한 곳에 설치해야 하고 인근에 건물이 존재하는 경우에는 가급적 타워를 높게, 적어도 인근의 건물 높이보다는 높게 설치해야 한다.

표 6.1 설치 고도와 풍차의 예

설치 지점	설치 높이 [m]	각 풍속값의 2주간 평균값 [m/s]		
		일평균 풍속값	일 최대 풍속값	일 최대 순간 풍속값
A점	15.1	1.4	3.8	6.4
B점	49.3	2.6	63	7.8
높이 비교		풍 속 비		
B/A	3.3	1.9	1.7	1.2

풍력발전기를 정비하기 위해 타워를 넘어뜨려야 하는 경우가 많으므로, 타워를 넘어뜨리기 편한 장소를 선택하는 것도 중요하다.

6.2.2 풍차에 가해지는 항력

풍차는 전방으로부터 불어오는 바람을 받기 때문에 후방으로 힘이 작용하게 된다. 이 힘은 항력(抗力)으로, 풍차 타워를 넘어뜨리려고 하는 힘이다. 타워를 넘어뜨리려고 하는 힘은 풍차의 항력에다 타워 본체의 항력까지 가세하므로 이 두 항력에 견딜 수 있어야 한다.

솔리디티비가 큰 다익형(多翼形) 풍차의 블레이드 로터는 마치 한 장의 원반처럼 되어 있으며 항력이 커진다. 회전하고 있는 풍차의 경우는 바람으로부터 얼마 만큼의 출력을 얻어낼 수 있느냐에 따라 항력이 변한다. 하지만 실제로 풍차를 받치는 타워를 설계할 때는 여유를 감안하여 그림 6.18과 같이 풍차를 한 장의 원반이라

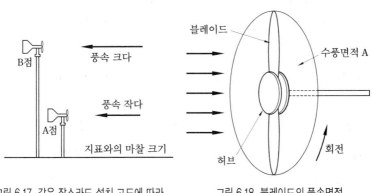

그림 6.17 같은 장소라도 설치 고도에 따라 풍속에 차이가 있다

그림 6.18 블레이드의 풍속면적

간주하여, 거기에 가해지는 항력을 계산하는 것이 적절하다.

원반의 항력 D_D [kg] 은 다음 식으로 계산할 수 있다.

$$D_D = \frac{1}{2} C_{DD}\ \rho V_w^2 A_t \frac{1}{g} \qquad\qquad\cdots\cdots\cdots\cdots\cdots\cdots (6.1)$$

여기서 C_{DD} : 원반의 저항계수, ρ : 공기밀도 [kg/m³] (20℃, 1기압에서 1.22), V_w : 풍속 [m/s], A_t : 풍차의 수풍면적 [m²], g : 중력 가속도 [m/s²]

원반의 항력계수는 대략 1.1이므로 예컨대 지름 1.6 m의 로터 블레이드인 경우, 한 장의 원반을 생각하고, 풍속이 20 m/s에 견디게 하기 위해서는 항력 D_D는

$$D_D = (1/2) \times 1.1 \times 1.22 \times (20)^2 \times 3.14 \times (1.6/2)^2 / 9.8 \fallingdotseq 55\ \text{kg}$$

이 된다. 즉, 적어도 55 kg에 이르는 옆바람의 힘에 견딜 수 있는 타워를 제작해야 한다.

6.2.2 풍차에 가해지는 항력

풍력발전기를 설치하는 타워는 여러 가지 방법으로 만들 수 있다. 일반적으로 아마추어들이 가장 간단하게, 또한 비용을 적게 들여 설치하려면 공사용 발판 등에 사용하는 파이프를 이용하는 것이 편리하다. 공사용 파이프는 지름이 48.6 mm이고 살 두께가 2.5 mm나 된다. 10 kg 이하의 풍력발전기를 설치하기에 알맞은 굵기이다.

또 공사용 파이프는 1~6 m의 다양한 길이로 절단되어 비교적 저렴한 가격으로 판매되고 있다. 그림 6.19는 6 mm짜리 공사용 파이프를 이용하여 풍력발전기를 설치한 것인데 정비를 편리하게 하기 위해 타워를 쉽게 넘어뜨릴 수 있게 제작한 모습이다. 또 그림

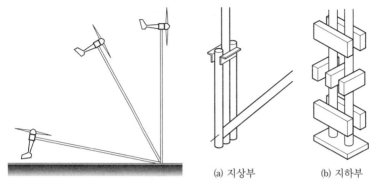

그림 6.19 풍력발전기 설치와 정비 등을 고려한 가도식(可倒式) 타워

그림 6. 20 간이 타워의 지상부와 지하부의 구조

(a) 지상부　　　　(b) 지하부

6.20은 2 m짜리 발판 파이프 2개를 사용하여 지하에 매설한 모습을 보여 주고 있다. 이때 지하에는 그림 (b)와 같이 콘크리트 블록과 벽돌 블록을 주위에 쌓아 강도를 향상시키도록 노력했다. 이 2개의 파이프 사이에 6 m의 파이프를 끼워 필요한 때 눕힐 수 있도록 설치되어 있다.

풍력발전기를 설치할 때는 파이프를 눕혀 작업하고 설치한 후에 바로 세우면 작업은 완료된다. 그림 6.21이 그 완성도이다.

발전기의 출력 케이블은 파이프 안에 수용하고 지하 케이블을 통하여 감시 사이트에 접속한다. 이 케이블이 단선되지 않도록 세심하게 주의해야 한다. 만에 하나 강풍 때 단선이 되면 블레이드 회전을 정지시킬 수 없으므로 매우 위험하다. 경험상 발전기의 접속부가 풀린 적이 있으며, 그 결과 로터 블레이드가 맹렬한 기세로 회전하여 정지시키는 데 무척 고생한 사례가 있다.

이제까지 설명한 간이형 타워 외에 철근으로 본격적인 타워를 제작하여 설치할 수도 있겠지만, 여기서는 소형 풍력발전기를 대상으로 하므로 제작 및 설치 사례들을 생략하기로 하겠다. 아무튼 늘 안전에 유의하고 위험에 대비하기 바란다.

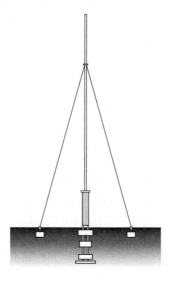

그림 6.21 간이 타워의 완성도

참 고 문 헌

(1) 牛山泉/ 三野正洋 ;『小型風車ハンドブック』, (株)パワー社

(2) 牛山泉; 『風車工学入門』, 森北出版(株)

(3) 牛山泉 ;『風力エネルギーの基礎』, (株)オーム社

(4) 清水幸丸 ;『風力発電技術』, パワー社

(5) 松宮輝 ; 『ここまできた風力発電』, (株)工業調査会

(6) 松宮輝/靑木繁光/飯田誠 ;『図解風力発電のすべて』, (株)工業調査会

(7) 松本文雄 ;『小型風車活用ガイド』, パワー社

(8) 日本風力エネルギー協会; 会誌『風力エネルギー』

(9) 浜素紀 ;『FRPボデイとその成型法』, (株)グランプリ出版

(10) 田中勤 ;『強化プラスチックの工法と応用』, 舵社

(11) 박광현, 정해상 『풍력발전기술』, 겸지사

편저자 **정해상**

• 출판·과학 저술인
• 월간 「전기기술」 편집·발행인 (1964~1984)
• 과학기술도서협의회 회장 (1982~1986)
• 한국과학기술매체협회 회장 (1987)
• 그린에너지연구회 간사 (현재)

소형 풍력발전기 설계와 제작

2011년 1월 10일 1판1쇄
2014년 6월 20일 1판3쇄

편저자 : 과학나눔연구회 정해상
펴낸이 : 이정일

펴낸곳 : 도서출판 **일진사**
www.iljinsa.com
140-896 서울시 용산구 효창원로 64길 6
전화 : 704-1616 / 팩스 : 715-3536
등록 : 제1979-000009호 (1979.4.2)

값 17,000 원

ISBN : 978-89-429-1192-9